奇妙的材料

世界史を変えた新素材

[日] 佐藤健太郎 ——— 著

陈广琪 —— 译

改变世界的 12 种化学物质和
它们背后的科学传奇

SJ 北京时代华文书局

图书在版编目（CIP）数据

奇妙的材料 /（日）佐藤健太郎著；陈广琪译 . —北京：北京时代华文书局，2022.1
（2023.6 重印）

ISBN 978-7-5699-4474-7

Ⅰ.①奇… Ⅱ.①佐…②陈… Ⅲ.①材料科学－普及读物 Ⅳ.① TB3-49

中国版本图书馆 CIP 数据核字 (2021) 第 249092 号

SEKAISHI WO KAETA SHINSOZAI
By Kentaro Sato
©2018 Kentaro Sato
Original Japanese edition published by SHINCHOSHA Publishing Co., Ltd.
Chinese (in simplified character only) translation rights arranged with
SHINCHOSHA Publishing Co., Ltd. through Bardon-Chinese Media Agency, Taipei.

北京市版权局著作权合同登记号 图字：01-2019-7057

拼音书名 | QIMIAO DE CAILIAO

出 版 人 | 陈　涛
策划编辑 | 周　磊
责任编辑 | 周　磊
责任校对 | 陈冬梅
装帧设计 | 程　慧　迟　稳
责任印制 | 訾　敬
出版发行 | 北京时代华文书局 http://www.bjsdsj.com.cn
　　　　　北京市东城区安定门外大街 138 号皇城国际大厦 A 座 8 层
　　　　　邮编：100011　电话：010-64263661　64261528
印　　刷 | 河北京平诚乾印刷有限公司　电话：0316-6170166
　　　　　（如发现印装质量问题，请与印刷厂联系调换）
开　　本 | 880 mm×1230 mm　1/32　　印　张 | 7.5　　字　数 | 165 千字
版　　次 | 2022 年 4 月第 1 版　　　　 印　次 | 2023 年 6 月第 2 次印刷
成品尺寸 | 145 mm×210 mm
定　　价 | 39.80 元

前言 "新材料"改变世界文明进程

材料蕴藏的力量

人类建立文明社会至今已有数千年之久，历经大大小小无数次历史的转折点之后，我们才一步步走到了今天。也许是某位天才人物发明了新物品或悟到了新思想，也许是与远方的国家进行商贸往来，或者与别国开战，结果就催生了这些历史的转折点。从王朝、思想、学术、宗教、政体到每日互相问候的用语、日常食品等，可以说在人类社会中根本不存在一成不变的事物。

即使在极度打压对外交流及创新行为的江户时代①的日本，社会内部也发生过数不清的变革，其中包括实现农业技术革新、普及货币经济，在文学与绘画等方面也收获了极具特色的艺术成果。从这个角度来看，确实可以说"变革"本身才是人类社会的本质。

---

① 江户时代（1603—1868）是日本封建制度的最后一个时代。

这种天翻地覆的变革并非遵循一条循序渐进的轨迹，而是以发散式的形态贯穿于历史之中。众多具有革命性的转折点往往发生于转瞬之间，如同对弈中的妙招般将旧有的局面瞬间改变。

就拿生活中的音像产品为例，第二次世界大战之后，黑胶唱片长期以来一直担任推广、普及音乐的主力。不过，在1982年激光唱片（CD）问世后，黑胶唱片在极短的时间内就彻底退出了历史舞台。此后，激光唱片由于网络数据下载技术及视频门户网站的发展也被时代淘汰了。1998年，单曲及合集的白金唱片（即销量超过百万张）就有将近40部，可仅仅过了20多年，"白金唱片"就成了历史名词，当时又有谁能预测到这样巨大的变化呢？

总的来说，预测未来变化的方向难于登天，而试图激发符合自身需求的变化更是难上加难。在当代的日本，大家都希望改变现状，也都明白变革是唯一的选择，可惜各种利害关系的纠缠成了阻碍变革的绊脚石。所有党派的政治家都在高呼改革，企业也为了开拓创新之路投入大量研究经费，可惜所获得的成果却不如人意。

那么，引发社会变革到底需要哪些必要因素呢？当然，单一因素很难推动变革，唯有多种因素汇集才能推动世界变革。在本书中，笔者将目光聚焦于材料蕴藏的力量。这是因为历史上绝大多数重大转折的根源，最终总会落实到纸、铁、塑料等优秀材料所蕴藏的力量上。

能证明这一观点最有力的证据就是石器时代、青铜时代、铁器时代之类的历史名词。青铜武器击败木石武器易如反掌，能深耕土地的铁制工具为农业增产发挥了重大作用，并促进了人类种群的繁衍壮大。每当一种新材料登上历史的舞台，就会为人类文明迈上新台阶打下坚实的基础。也正是由于这个原因，历史学家才会以材料的名称划分人类的历史时代。从另一方面来说，采取这样的划分方式，关键在于石器与青铜器能经得起千年时光的侵蚀而保留至今，而人类利用木材与布料的起始时代至今依然没有定论。

文明发展的速率控制步骤

本书之所以聚焦于引发历史变革的诸多因素中的材料，是因为在笔者看来，材料是制约历史变革的速率控制步骤。速率控制步骤是化学术语，指的是在A物质转化为B物质、B物质转化成C物质、C物质转化为D物质等一连串的化学反应中，反应速率最迟缓的步骤。这个步骤的化学反应速率决定了整体的反应速率，因而被命名为速率控制步骤。举个例子，假设一辆汽车行驶100千米的路程，其中有10千米路况极差的路段需要行驶2小时，那么这辆汽车在其他路段的行驶速度无论是90千米／小时还是110千米/小时，对整体行驶时间来说，影响并不大。路况极差的10千米对整体行驶时间具有决定性的影响。这就是速率控制步骤的概念。

正如前文所述，促使人类文明进入一个新阶段需要多种因素相结合，其中包括拥有罕见才华的智者，社会价值观革命、政治环境、经济形势或者是自然环境等方面的剧烈变化等，只有具备了这些必要条件才会引发人类社会变革，其中新材料问世比其他因素更加罕见。笔者在此提出这样一个观点：符合时代需求的新材料的问世，是引发世界大变革的决定因素之一，新材料的研发阶段也就是人类社会发展的速率控制步骤。

以前文提到的唱片为例，最初的唱片是以紫胶虫吸取树木汁液后的分泌物——虫胶的固化物为原料。进入20世纪50年代，以聚氯乙烯为材料的唱片问世，立即催生了巨大的音乐市场。与易碎、易磨损的虫胶相比，轻便、结实的聚氯乙烯可以长期保存，

20世纪20年代的虫胶唱片

而且容易进行大批量生产。假如没有聚氯乙烯这种令人惊异的材料，音乐很难像今天这样走进千家万户。

在20世纪50年代之后，与此前的时代完全不同的是，全球音乐界突然涌现出众多明星。莫非此前时代的人们缺乏音乐细胞吗？答案当然是否定的，原因在于即使此前的时代存在过不亚于"猫王"和"披头士"的音乐天才，但是人类还未拥有将

这些音乐天才的歌声以便宜、高音质的方式传播给社会大众的材料。

当然,音乐之所以能传播到世界的每个角落,电视机的普及肯定发挥了重要作用。但是,仅凭电视机无法催生出一个巨大的音乐市场,也未必能给各种音乐天才留下璀璨闪光的机会。唯有聚氯乙烯的问世,才突破了世界音乐文化传播的速率控制步骤。

更准确地说,聚氯乙烯的问世引发了记录媒介的革命,而记录媒介的发展对音乐本身,也可以说是对音乐家这种职业的工作方式带来了变革。在两三百年之前,也诞生过无数伟大的歌手、演奏家,但给后世留下不朽声望的只有莫扎特、贝多芬等作曲家。他们将自己的乐谱保留于纸张之上,使得这些作品能够传播到遥远的国度,并流传于子孙后世。与作曲家相比,当时的演奏家就不那么幸运了,除了亲临现场欣赏之外,没有任何手段能将来自音乐的那份感动传达给其他人。

只有进入现代社会,通过录音或摄影等技术才能突破时间与空间的限制,将不亚于真实效果的音乐演奏之美传送给社会大众。进入20世纪以来,音乐界最大的变化是:直接打动观众的歌手和演奏者成了广受瞩目的明星,而作曲家则成了不那么受追捧的幕后工作者。可以说,造成这种转变的关键就是记录媒介的巨大变革。

改变世界文明进程的材料还有很多种,与前文提到的石材、铁、聚氯乙烯等大规模应用材料推动历史的进程不同，还有一些材料以其稀有性和昂贵的价值成为人类争夺的对象，从而推动历史发展。其中，最著名的例子就是黄金和丝绸。

此外，也可以根据材料的来源进行界定。最初，人类从自然界获取石材、木材等，直接根据材料的性质加以利用。随着时代的进步，逐渐出现了铁等需要对自然界的物质进行二次加工才能获取的材料。到了现代，塑料这种由人工发明而产生的在自然界不曾存在过的材料出现了。当前世界的新材料则是根据精密的分子设计开发，拥有自然界物质根本不可能存在的性能。

本书从这些为数众多的材料中精选12种材料，着重介绍它们与人类历史变革的关系，从而为"新材料是开启新时代之门的钥匙"这一观点提供佐证，并希望以此激发广大读者对材料科学的兴趣。

佐藤健太郎

目 录

第一章

推动人类历史的魔力金属——黄金

黄金的光芒

对于世界文明进程影响最大的材料非黄金莫属！没有其他任何一种物质能像黄金一样勾起全人类的欲望，让所有人为它心动不已。

笔者曾经去日本东京国立博物馆参观过以黄金为主题的展览。当时盛况空前，参观者的队伍如同长蛇般不见首尾，笔者差点就想放弃参观了。我相信，其他任何物质都没有黄金这样巨大的魅力，令人类痴迷不已。虽然今天的我们能通过电视、网络看到世界各地的奇珍异宝，但是依旧会为黄金的光芒所倾倒，可想而知黄金对古人的吸引力是何等强大。

与需要发达的冶炼技术才能制备的铜、铁不同，在自然界即可寻获纯度较高的黄金。由于黄金具有常见物质所没有的炫目光泽，古人能够比较容易地找到黄金。我想，正是这些特征，才使黄金成了全球各民族最先接触的金属。

黄金具有美丽的光泽，无论在何等恶劣的环境下都不会生锈、变质。图坦卡蒙的黄金面具历经3 200年的岁月依旧光芒耀眼，仿佛是昨天才完工似的。黄金真不愧是君王向百姓彰显权威的不二之选。

由于黄金永不变质，且受到众人的追捧，所以它可以无限次回收再利用，并流传千古。今天我们手中的金币，或许曾经在古罗马的闹市中流经无数人之手，或许曾经是凡尔赛宫主人身上的饰物。因此可以说，人类历史的坎坷沧桑尽数凝聚于黄金之中。

点石成金的迈达斯国王

最能体现人类对黄金极端渴望之情的例子是希腊神话中的迈达斯国王，相传由于他盛情招待酒神狄俄尼索斯，酒神答应满足他的一个愿望作为回报。迈达斯提出的愿望是拥有把所有摸过的物体变成黄金的能力。

迈达斯的兴奋之情没能维持多久，他很快就发现，凡是自己的手接触过的东西，包括食物和水都变成了黄金，到最后连他的女儿也变成了黄金雕像。此刻，迈达斯对自己的贪欲感到无尽的悔意，向酒神忏悔谢罪。酒神谕示他在帕克托洛斯河清洗身体，这才将一切事物恢复原状。

历史上确实有位迈达斯国王，在公元前8世纪，他所辖的王国位于佛里吉亚（今天的土耳其中西部）。事实上，这个王国由于帕

克托洛斯河出产的金沙而富饶无比，
因此有很多关于迈达斯国王的神话。

可以说，这个神话故事将黄金这
种物质的本质体现得淋漓尽致，虽然
许多人为了黄金可以抛弃一切，但是
归根结底，除了成为富贵者的饰品，
或者用于交换其他物品之外，那时的
黄金没有其他任何用处。

在实际生活中，黄金的特点决定
了它不具备实用性。黄金的密度高达

瓦尔特·克莱因的画作《迈达
斯国王》

19.3克／立方厘米，大约是铁的2.5倍，却柔软易变形，所以黄金
不适合用于制作武器或工具。在铸造金币或制作饰品时，为了
弥补黄金硬度不足的缺陷，必须使用银或铜，制造出银或铜含
量为10%左右的合金。一直到了近代，人类才根据黄金的特性，
将黄金作为牙科填充材料及电子设备材料等。

金币问世

黄金在流通领域中也有重要用途——制作金币。关于金币
的出现时间和地点，历史学家公认的观点是，公元前7世纪在小
亚细亚西部的吕底亚王国最早使用金币，而铸造金币的原材料
则是取自帕克托洛斯河的金沙。由此我们可以推测，也许多亏

了迈达斯国王才产生了金币。

但是，金沙之中含有一定的银，不同金沙中的银含量相异，需要通过人工调整统一金币的银含量。人类历史上最早的金币比较简陋，工匠从金银合金上切割出一定大小的金属块，将其固定在底座上，然后用锤子敲击出图案。为了方便交易与计算，虽然工匠制造的金币大小不一，但是不同金币之间的重量成整数比，足见当时人们的眼光是极为敏锐的。

从此，"价值"从无形之物变成了触手可及、可计量的货币。对人类的历史进程来说，货币的诞生是值得永远铭记的大事。原本在物物交换时只能大体估算货物的价值，有了货币作为媒介，价值就成了可以精确计算、量化统计的数据。这样人们就可以根据明确的价值采购需要的商品。

漂流到荒岛的鲁滨孙靠自己制作生活所需要的物品，所有的工作也只能一个人完成。但是这样的生活方式根本不可能面面俱到，因为如果一个人从事多种工作，那么每种工作的效率都不会很高。最好的办法是每个人做自己最擅长的工作，然后相互交换自己需要的产品，只有这样才能形成一个社会分工体制。构筑一个自由交易、彻底分工的社会，是人类社会进步与发展的先决条件。促成这种分工社会的关键就是货币的诞生，这也成为人类社会进入新阶段的基石。

成为货币的材料必须具备以下条件：任何人都愿意持有、贵重、体积小、易携带、长期保存不会出现损耗、易于加工成

各种形状等。黄金则是最符合上述要
求的材料。

奥里斯金币

但是，随着历史的发展，金币的
地位逐步被白银和铜所取代。例如，
古罗马时代虽然铸造发行了奥里斯金
币和苏勒德斯金币，但是市场上广为
流通的基础货币是迪纳厄斯银币和塞斯特帖姆铜币。这是因为
金币价格过高，在日常交易中难以使用，所以大多数金币转而
成为储蓄专用货币。

美丽的元素三姐妹

直到今天，用金、银、铜铸造的货币依旧在流通，三者被
统称为"货币金属"。目前日本流通的金属货币中的含铜量各
异：5日元为60%～70%，10日元为95%，50日元和100日元为
75%，500日元为72%。此外，在奥林匹克运动会等赛事上，也
会制作金、银、铜质的奖牌。其实在元素周期表中，这三种金属
刚好都在同一列上，属于同族金属元素，这意味着它们具有相
似的化学性质。其中，铜的活动性最强，容易生锈；银的活动
性次之；金的化学性质最稳定。从自然界的储量来看，银是金
的10倍左右，铜是银的几百倍，自然而然，三种货币的价值与储
量成反比。

在原子的世界中，原子序数（代表原子核中的质子个数）越大，则稳定性越差。金的原子序数为79，非常接近原子稳定极限序数82。而且奇数原子序数的元素稳定性低于偶数原子序数元素，因而金属类奇数原子序数的物质数量很少，这是导致黄金稀有的根本原因。

即使将人类有史以来开采的黄金集中于一处，也只能装满三个奥林匹克标准游泳池而已，相信大家会对这个数字觉得很意外吧。事实上，黄金的密度将近水的20倍，由于它具有极高的密度，所以体积虽小但是质量很大。

人类痴迷于黄金，除了它的稀有性之外，还有个原因是它具有美丽耀眼的光泽。除了黄金之外，本身具备清晰颜色的金属只有铜和具有青色光泽的铯。奥林匹克运动会之所以采用金牌、银牌、铜牌三种奖励方式的原因在于这三种金属所具备的

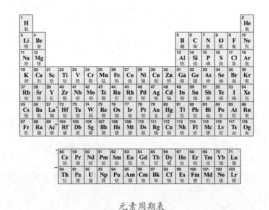

元素周期表

明显视觉差异。至于金为什么具有黄色的光泽，其中的原因涉及相对论，由于原理过于深奥，在此略过不提。

总的来说，黄金的光芒彻底打动了人类的心，差不多世界上所有民族对黄金的喜爱程度都远远高于银白色的金属。最明显的例子就是比黄金更稀少、价格更昂贵的金属——铂。铂在人类历史上的记录很少，也许是因为铂的熔点更高、加工难度更大。那些为了黄金侵略中南美洲地区的西班牙人，居然将铂当成黄金冶炼的杂质而直接丢弃。直到进入20世纪，卡地亚公司才第一次推出铂首饰，铂才终于成功跻身贵金属的行列。

黄金之岛——日本

日本历史上，黄金第一次崭露头角应该是福冈县志贺岛出土的"汉委奴国王"金印，据说这是东汉的光武帝于公元57年下赐之物。包括印纽在内，这枚金印整体加工工艺极为精湛，经过抛光的侧面极其平滑，发出熠熠光辉。对于那个时代的日本人来说，这简直就是天赐神物。

随着时间的推移，日本各地均发现了金矿或金沙。推动黄金大开采的是流传到日本的佛教，因为佛教极其推崇有着美丽炫目光芒的黄金，连日本历史最悠久的佛家圣地飞鸟寺（修建于6世纪末）内也收藏着古代金锭。到了7世纪，日本各地大兴土木修建神殿和寺院。受此影响，日本的金矿开发盛极一时。

与此同时，日本的黄金加工技术也有了长足发展。日本奈良东大寺的卢舍那佛像，也就是常说的奈良大佛，建造初期全身镀金，与现在的厚重之色完全是两种不同的感觉。据说给奈良大佛镀金共耗用黄金430千克，用现在的价格计算超过20亿日元。可以说，当时的日本是世界首屈一指的黄金产地。

日本东北地区盛产沙金，这成为支撑奥州藤原家族百年兴盛的战略基石。藤原家族整整三代人向京都朝廷进贡黄金，因而深受恩宠，成为

中尊寺金色堂内部

奥州事实上的统治者。现在，当我们看到藤原家族的象征——日本岩手县的中尊寺金色堂时，应该会对马可波罗将日本称为"黄金之国"颇为认同。

天然矿物资源极度贫乏的日本却拥有丰富的黄金蕴藏量，这确实令人感到费解。关于这一点，最近澳大利亚的地震学家戴恩·威瑟利提出了一个饶有趣味的观点，那就是黄金矿脉的地震成因说。

地震成因说认为，在地下岩层的密闭空洞中存在大量含有金以及其他矿物质游离原子的地下水。地震发生时，岩层出现裂隙，原本处于高压状态的地下水由于压力急剧下降而发生汽化现象，溶解于水中的游离金原子形成结晶并下沉至岩床

底部。在漫长的岁月中经过无数次的结晶，最终产生了黄金矿脉。假如这个理论属实，作为地震多发地区的日本发现为数众多的黄金矿脉，也就是顺理成章的事情了。

炼金术时代

历史上曾经发生过无数次围绕黄金所有权的争夺战。西班牙的皮萨罗征服印加帝国就是为了控制南美洲丰富的黄金资源。活捉印加国王阿塔瓦尔帕之后，皮萨罗勒索了能装满一个房间的金银为赎金，而这笔赎金的价值巨大，以至于到了今天依旧位于吉尼斯世界纪录的榜首。

还有个能证明人类痴迷于黄金的例子是发生在美国加利福尼亚的淘金潮。1848年的一个早晨，在萨克拉门托河中发现的金沙成了淘金潮的导火索。消息如烈火般很快传遍全球，不仅仅是美国国内的淘金者，欧洲和亚洲的淘金者也远道而来，云集加利福尼亚，据说当时的淘金者人数超过了30万。

旧金山原本只是一个数百人的小村落，在短短数年间就摇身一变，成了美国当时首屈一指的大城市。李维·斯特劳斯发明的牛仔裤原本是作为淘金者的工作服，他后来创立了李维斯品牌；因为最早发行旅行支票而闻名于世的美国运通公司原本是给淘金者提供快递运输服务起家的企业，人类追求黄金的热忱在不经意间催生了多家世界级企业。

　　而另一些人则在尝试不流血、不流汗就可以获得黄金的方法，这种努力从古到今就未曾停止过，这就是企图以铁或铅等廉价金属制作出黄金的"炼金术"。从最早的文献记载可知，古希腊时代就已经有人开始挑战这项不可能完成的任务。无论是古印度，还是古代中国，只要有人类文明存在的地方，就有前赴后继试图通过炼金术获得黄金的挑战者。

　　西方炼金术士梦寐以求的是创造一种叫作"贤者之石"的物质，用今天的观点来看，他们追寻的就是所谓的催化剂。据说，贤者之石除了具有将廉价金属转化成黄金的奇效之外，还具有让人长生不老、青春永驻的功能。也许找到制作黄金的方法这种挑战本身就具有无穷的魅力，8世纪阿拉伯著名学者贾比尔·伊本·哈扬（约721—约815）、16世纪的医学家帕拉塞尔苏斯（1493—1541）等拥有那个时代最睿智的头脑的人，无一例外痴迷于炼金术。令人颇为意外的是，连著名的艾萨克·牛顿（1643—1727）在晚年也为炼金术殚精竭虑，最后在失望之中黯然离世。

　　对于现代化学来说，在烧瓶内实现元素转变无异于天方夜谭。可以说，几千年来人们在炼金术上期望获得的成果完全是空中楼阁。但是在研究炼金术的过程中，人们发现了硝酸、硫酸、磷酸等各种化学物质，完善了蒸馏、萃取等化学实验的基本技术。从这个意义上来看，炼金术是现代化学之母。两者之间可以说是无缝衔接，并无明显的分界线。英文"化学"

（chemistry）一词的词源就是"炼金术"（alchemy），甚至有人说炼金术的词源就是中文"金"（jin）。现代化学催生了无数比黄金用处更广泛的物质。从这个角度来看，炼金术士们的努力并非一无是处。

经过漫长的发展，人类的化学知识终于为黄金开发出了新用途。因为金能够加工成极其细长且导电

威廉·道格拉斯的作品《炼金术士》

性优良的细丝，利用这一点，黄金化身为半导体电极和连接芯片的导线。因为在手机等高端设备的集成电路中，必须在有限的空间里构筑一个高集成度的电路网，这一角色非黄金莫属。

据说，平均一部智能手机中至少使用了30毫克的黄金，而2020年全世界的智能手机产量约12.4亿部，由此可以推算出大约价值137亿元人民币的黄金装进了手机用户们的口袋里。这类电子设备中含的黄金被称为"闹市金矿"，相关的黄金回收技术备受瞩目。

此外，纳米级的黄金微粒呈鲜红色，具有普通黄金所没有的特殊性质。最近的科学研究表明，纳米金能分解有毒物质，也可以作为塑料原料生产中的催化剂。还有许多人在其他众多领域中为开发纳米金的新用途而殚精竭虑，这就是传说中的"纳米金风暴"！今天的黄金，已经不仅仅是一种只有"颜值"

的金属了。

黄金的魅力

但是，关于黄金还有一个巨大的不解之谜，那就是为什么人类会如此喜爱黄金。正如前文所述，虽然世上还有其他为数众多的金属和贵重物质，但是除了黄金以外，没有哪种物质能像黄金那样使人类为之倾心、为之疯狂。黄金到底有什么魅力使人类如此想拥有它呢？

其中的缘由可能是黄金的光芒酷似太阳与火焰的颜色，不过，这只是笔者的猜测。自古以来，人类惧怕黑暗，因为敌人或猛兽可能会在黑暗的掩护下悄悄接近，这使人类一直生活在对黑暗的恐惧之中。对于人类来说，火焰和朝阳的光辉意味着生命的希望，是人类孜孜不倦追求的生命之光。这种对金色光芒的热爱，已经铭刻进了每一个人的骨子里。到了现在，人类的这种热爱转变成了对黄金的渴求之心。

前文提到人类选择黄金作为最初的价值存储与计算材料，不过很快银和铜就取代了黄金的地位，直至后世出现了纸币、塑料银行卡，甚至没有实体的数字货币，它们都是黄金的价值继承者。

但是，无论是纸质货币还是数字货币，之所以能交换实物的一条根本原则就是，大家都认同"这种东西拥有价值"这一近乎魔幻般的共识。当发生战争、革命或恶性通货膨胀时，货币会大幅贬值，这种共识将不复存在，而货币的价值也就化为乌有。

其实黄金本身的价值也不过是种共识，但是这种共识扎根在人类的本能之上，结果就成了人类对黄金价值的无上信仰。所以，无论如何改朝换代，世人永远将"黄金救急"奉为圭臬，毫不犹豫地将自己的劳动所得换成黄金。我们可以推测，也许黄金受追捧、被争夺这种现象会贯穿整个人类历史。

著名哲学家布莱士·帕斯卡曾经说过："要是克娄巴特拉七世①的鼻子长得短一些，整个世界的面貌就会改变。"同样，假如黄金的颜色是银白色或青绿色的话，世界历史和经济会变成什么样子呢？那样的世界也许会比现在的世界更和平，也许会更无趣。

---

① 克娄巴特拉七世是古埃及的托勒密王朝最后一任女法老，被称为"埃及艳后"。她才貌出众、聪颖机智，擅长使用政治手段，一生富有戏剧性。她卷入了罗马共和国末期的政治旋涡，同恺撒、安东尼关系密切，并有诸多传闻轶事，因此成为文学和艺术作品中的著名人物。

第二章

跨越万年岁月的材料——陶瓷

容器与人类

很多人都有过这样的经历，搬家的时候需要很多箱子打包各种杂物，从中我们可以体会到容器的重要性。想象一下，如果喝水的时候没有杯子，吃饭的时候没有碗和盘子，扔垃圾的时候没有垃圾箱，我们会多窘迫。由此可以知道容器的存在给人类提供了多大的帮助。

从这个角度上来看，将容器定义成人类早期的重大发明之一也丝毫不为过。在远古时代就已经进入人类生活的素陶更是容器中的翘楚。素陶是先用黏土塑形，然后用火烧制而成的。有位考古学者曾经说过，无论是在哪个国家进行考古，第一目标就是寻找罐子或罐子的碎片。素陶、陶器、瓷器的制作水平是衡量古代文明发展程度的标杆之一。

令人感到不可思议的是，在塑料、铝等新材料已无处不在的今天，陶瓷的风头依旧不减当年。今天，我们日常使用的瓷碗、砂锅等器物，与全球各地出土的素陶相比，无论是形状还是材质均无太大差异。

陶瓷最突出的特点是它的用途非常广泛。从无价之宝到砖块、瓷砖、瓦片等生活中的常见之物，处处都闪耀着陶瓷的身影。陶瓷可以说是少数伴随人类文明发展，数万年来一直支撑着人类文明进步的重要材料之一。

陶瓷的诞生

那么，世界上最早的陶瓷——素陶是什么时候诞生的呢？据资料显示，目前世界上最古老的素陶发现于中国湖南省，距今约1.8万年。而日本也在太平山遗址（青森县）发掘出了距今1.6万年的绳纹素陶。可以说，东方使用素陶的历史要比埃及和美索不达米亚文明更加久远。

加水揉制黏土，晾干后放入火中烧制，就可以变成坚硬、牢固的材料，所以说只要有了火，人类发明素陶是迟早的事情。至于人类何时开始使用火，目前有许多不同看法，但是至少可以追溯到20万年以前。按照常理来说，使用火的历史如此久远，人类使用陶器的历史也应该更长才对。对于这个疑问，目前也没有明确的答案。

有些观点认为，日本的陶器使用历史可以追溯到冰河期的末期。在那个时代，人类可以轻易收获大量橡子之类的食材，而人类制作陶器的目的就是通过水煮去掉橡子的苦涩成分。这样一来，人类就可以获得可靠的食物来源，而不必去追随猎物四处迁徙。到底是人类开始定居才催生了容器，还是容器的发明导致人类开始定居，目前尚无定论。无论因果如何，进入定居的时代是人类历史的重大转折点，这与陶器的问世是密不可分的。

绳纹文化中期的陶器

很快，人类就根据用途开发出多种多样的陶器，代表陶器的汉字有"壶""碗""瓶""罐""瓮""甑""杯""鬲"等，种类繁多，令人讶异。从中我们可以一窥古人对陶器的重视程度与严谨的分类。古人利用这些形状各异的容器进行水、食物的处理、保存，从而获得了安全卫生的食物、杜绝了传染病的蔓延。可以说，使用陶器是人类走向繁荣的重要条件。

陶器为何如此坚硬？

揉制过的黏土经过曝晒干燥后具有一定的强度，可以制成泥砖，用这种泥砖搭建的房子在中东及北非等地颇为常见。但是，泥砖遇到水就会变软，只能在气候干燥的地区使用，在其他地区就无法使用了。仅仅经过曝晒制成的泥壶之类的容器，

泥砖建筑物

遇到水的时候也会变成一堆烂泥，所以无法应用于生活中。只有经过高温烧制之后，泥制器皿才会变成具有实用性的陶器。

为什么泥土器皿经过高温烧制之后就会变成高强度、不怕水的陶器呢？简而言之，在高温环境下，黏土内部发生了化学反应，原子之间相互联结形成了新的分子。

黏土内部充满了各种矿物质的细小结晶，这些细小结晶内部包含着黏土的单个粒子，主要成分是硅和铝等携带正电的原子，与携带负电的氧原子相互交错，形成类似脚手架般牢固的网状结构。

但是，结晶与结晶表面的原子并未相互联结，它们在遇到水分子的时候就会与其中的氢原子结合。不规则的小晶体也会与附近的原子组成不稳定的结合体，好像生怕落了单似的。这些表面原子仿佛一直在等待时机寻找合适的原子，随时与之形成和晶体内部结构相似的构造。

高温烧制就相当于"撮合"这些孤立的表面原子，高温使原子活动更加频繁，促使原子反复与周边原子结合。原本在水与揉制的作用下形成的黏土，内部的细小结晶相互之间紧密排列。而高温提高了表面原子的振动频率，形成小结晶之间的原子共价键，从而使整体结构更加牢固，这就是陶器的强度远超黏土的秘密。

陶器可以历经几千年时光而不改变自身的形状，更不会重新变回黏土。人类的祖先花费精力烧制的陶器，到了今天依旧保持着当时的风采，这多亏原子之间形成了牢固的层状结构。

制陶与环境破坏

这种以黏土为原料经过低温烧制的产品一般被称为素陶，日本的绳纹土陶和弥生土陶均属素陶。中国的古人开发出水簸法，这是利用水中不同物质沉降速度不同的特性，分离出相同颗粒的黏土。这种极为先进的黏土精制技术，可以挑选出适合烧制陶瓷的材料。

中国最著名的陶制品就是秦始皇陵兵马俑，这些深埋于地

秦始皇陵兵马俑1号坑

下的陶俑战士身高超过180厘米，达8 000多尊，浑身涂满颜料，呈现出鲜艳的色彩。此外，秦始皇陵内还有用水银填满的江河湖泊，可以说那是一座陶器构成的地下都市。这些工艺精巧、技法细致的陶器令人对2 000多年前精湛的技术水准叹为观止。

不过，这种大规模的制陶行为也必然伴随着弊端。据说，为了烧制建筑材料和制作泥砖，美索不达米亚地区的树林遭到大规模砍伐，这是导致当地沙漠化的重要原因之一。

古代中国在建设万里长城时也需要大量的城砖，因而导致森林遭到大规模砍伐。在明朝永乐帝时代，中国的首都迁移到了靠近游牧民族活动地区的北京，不得不加强长城的建设，这导致广大森林被采伐。据推测，黄土高原的森林覆盖率曾高达50%，到了近代只有5%，给生态环境带来了巨大的压力。

瓷釉的问世

素陶虽然远比干燥的泥土坚硬，但是由于内部的原子之间的共价键并不十分牢固，强度远远赶不上岩石。一旦遭到外力撞击，烧制建立起来的共价键发生断裂，素陶会随着一声脆响化作碎片，这种易碎性可以说是陶器的重大缺点。

素陶还有一个缺点，它的表面分布着无数细微的小孔，水分和空气可以自由通过这些小孔。今天，许多家庭还在使用素陶花盆，原因就是水分和空气能从花盆的侧壁进入泥土中，与植物的根系接触，从而防止出现烂根的情况。虽然由于素陶具有这种特性而适合制作花盆，但是如果将素陶用于制作茶杯、水壶则会出现问题。

瓷釉是弥补这个缺陷的最好材料。在黏土表面涂上一层特殊的矿石粉末或灰浆后再进行烧制，陶器表面会形成琉璃质薄层，从而堵住细孔，增强整体强度和防水性。而且，晶莹的琉璃层会在陶器表面产生流光溢彩的效果，为陶器的器物之美平添神韵。

燃烧木材产生的灰烬中含有钾盐等碱性物质。这些碱性物质可以在高温下渗入硅氧结合体中，临时切断共价键，使氧化硅更容易熔化，最终冷却时就会产生琉璃层。也许，人类正是通过这种木灰类"自然瓷釉"才在偶然间领悟了瓷釉的妙处。中国早在商朝（公元前17世纪至公元前11世纪）时就已经使用瓷釉，并在西汉晚期开发出了以氧化铅为主的矿物质瓷釉，带有鲜绿色的铅釉陶器就此问世。

不同种类的瓷釉与不同种类的黏土、烧制温度等要素相互结合，诞生了颜色、风格各异的陶器，同时为陶瓷带来了新的艺术价值。直到今天，瓷釉的奥妙依旧值得我们去探索，即使是富有经验的陶瓷艺术家都需要经过反复试验才能做出一件满意的作品。现代科学正在逐步深入研究陶瓷领域的奥秘，可即使利用最先进的科学技术也难以制作出完全符合设想的陶瓷作品。

白瓷的问世

笔者在访谈一位陶艺家时曾经听到这样的观点：简而言之，陶瓷的发展史其实就是白瓷的发展史。因为白色的容器更能衬托出食物本身的颜色，令食物色彩鲜明，让人更有食欲。正如自古以来美容师们将保养出洁白、光滑的肌肤当作目标一般，陶艺家们也将制作出纯白而鲜亮的白瓷当作毕生的追求。

今天的我们已经对白瓷司空见惯，其中大部分不属于陶器而被称为瓷器。陶器指的是以黏土为主要原料，在800～1 250℃条件下烧制的器物。刚出窑的陶器不透光，整体呈浅褐色，厚度较大、易破碎，被敲击时发出闷响，比较有代表性的陶器就是我们平时使用的厚壁茶杯和砂锅。

与陶器不同，瓷器颜色洁白、表面光滑、硬度极高，敲击时发出金属般的清脆之声，隐约透明却具有良好的防水性，表面几乎没有凹凸不平的部分而易于清洗，所以看起来很洁净，非常适合作为餐饮器具。

提到瓷器与陶器在制作中的不同点，主要有原料和烧制温度两个方面。将石英或长石、高岭石反复多次碾成粉末，加水揉制成型之后经过几次低温预烧制，最后用约1 300℃的高温进行烧制。最终，器物表面的瓷釉彻底熔化、渗透进器物，从而形成光滑而艳丽的瓷器。

得到纯色白瓷的关键在于，黏土不得含具有显色功能的重金属离子。在天然矿物质中存在大量具有显色功能的各种金属离子。例如，即使是相同的刚玉矿石中，如果含有微量的铬就会使瓷器带有类似红宝石的红色；如果含有铁或钛就会使瓷器带有类似蓝宝石的颜色。无论是陶器还是瓷器，基本上由陶土或瓷釉所含有的金属离子决定了器物的颜色。

到了中国的东汉，著名的青瓷诞生了。由于原料中含有微量的铁，导致器物呈现出美丽的青绿色。到了公元6世纪后期，也就是中国的隋朝，完全不含铁的高岭土进入人们的视野，纯色白瓷终于可以大批量生产。后来的历史证明，纯色白瓷是非常伟大的发明。

宋代的瓷器

白瓷渡海

经过唐、五代、宋，白瓷的制作技术获得了长足的发展，尤其是在极为注重文化艺术的北宋时期，政府甚至指定了官窑专门生产供宫廷使用的瓷器。当时，景德镇作为世界陶瓷文化的中心而繁荣一时。喜好艺术的清朝乾隆皇帝曾经留下"赵宋官窑晨星看"的诗句，将那个时代的官窑瓷视若珍宝。

北宋时期规模最大的民用瓷器烧制窑是磁州窑，而且"瓷器"一词也源自"磁州"。由于是民窑，那里生产的瓷器在装饰性上远超景德镇生产的瓷器，在瓷器绘画的装饰技法上也更为创新。

进入元朝之后，东西方交流步入了一个崭新的繁荣阶段，这给瓷器发展带来了新的机遇——含有金属钴的颜料与纯色白瓷的融合，造就了众多著名的瓷器文物。今天，在我们生活中极为熟悉的白瓷上绘制青色纹路的青花瓷就诞生于那个年代。这些青花瓷大量出口土耳其、埃及等地，深受各国民众喜爱。

中国历代王朝出产的瓷器，以其无比的魅力令世界为之倾倒，与中国隔海相望的日本也未能例外。虽然当时日本的陶艺生产也进入鼎盛时期，但是产品主要是陶器，还没有掌握纯色白瓷的烧制技术。但是，进入安土桃山时代①后，随着茶道的馨香席卷日本，日本民众对陶瓷器皿的需求也越来越大。

令人遗憾的是，日本没有采取和平的方式获取瓷器制造技术。虽然丰臣秀吉两次侵略朝鲜均以失败告终，但是日军虏获了众多朝鲜陶工。当时世界陶瓷制造的尖端技术终于渡过波涛汹涌的大海来到了日本。

被掳到日本的陶工们很快就在日本各地找到了适合制陶的

---

① 安土桃山时代又称织丰时代（1573—1603），是织田信长与丰臣秀吉称霸日本的时代。

黏土。由于在肥前国^①有田町发现了适合瓷器制造的陶石，今天的佐贺县南部在短时间内成了日本瓷器生产的中心。其中的酒井田柿右卫门以擅长红色瓷釉的"赤绘"而名噪一时，到现在为止前后共历经五代人承此技术。

柿右卫门风格的有田瓷器

欧洲瓷器简史

被瓷器的魅力所倾倒的当然不仅仅是日本，文艺复兴后期，对瓷器的痴迷风潮席卷了整个欧洲。欧洲从中国进口了大量的瓷器，英语单词"china"就代表着瓷器的含义。

1644年明朝灭亡之后，中国的瓷器生产进入了短暂的停滞期，这就导致以伊万里瓷器为代表的日本瓷器销量剧增。由于瓷器代表着财富与高雅的品位，欧洲各国王公争先恐后求购来自东方的瓷器，据说有人还用瓷器挂满整个房间的墙壁，将其命名为"瓷宫"。那时的瓷器甚至被称为"白色黄金"，成为无与伦比的宝物。

① 肥前国，日本古代的令制国之一，属西海道，位于日本九州西北部，领域大约包含现今日本的佐贺县及扣除壹岐岛和对马岛后的长崎县。

萨克森"强力王"腓特烈·奥古斯特二世（1670—1733）是痴迷东方瓷器的名人之一。据说他是一位能徒手拗弯蹄铁的大力士，拥有无数情人和360名后代，真可以说是一位精力超群的领主。他对艺术有着异乎寻常的执着，花费了10万塔里尔（相当于今天的6 000万元人民币）的巨资疯狂购买瓷器。

1701年，一个名叫约翰·弗雷德里希·伯特格尔（1682—1719）的人投奔奥古斯特二世，原因在于伯特格尔自称是炼金术士，掌握了炼制黄金的法术，而热爱黄金的普鲁士一世听到消息后正在到处缉拿他。奥古斯特二世立即羁押了伯特格尔，要求他必须制造出黄金来。正如第一章所述，以当时的科学技术完全无法做到制造出新物质，他最终也是一无所获。

1705年，已经到了忍耐极限的奥古斯特二世将伯特格尔转移到麦森，转而要求他尝试研究制作瓷器。经过多次试验，伯特格尔终于在1708年首次成功烧制出了纯色白陶，在1709年终于通过瓷釉烧制出了光滑而艳丽的瓷器。这个瞬间也是东方的至宝——瓷器第一次在欧洲大地上烧制成功。为了研制瓷器，奥古斯特二世先后投入了巨额的研究经费。

麦森瓷器

伯特格尔在麦森建立了工厂，并开始量产瓷器，这也是麦森瓷器迈出的第一步。到了今天，麦森瓷器依旧是欧洲瓷器的第一品牌。那里诞生了无数东方的技术与西方的美学完美结合之作，麦森的瓷器受到世人的热捧。

但是，为此立下汗马功劳的伯特格尔却悲惨地走到了生命的尽头。为了保护烧制瓷器的秘密，他至死都没有重获自由，反而被勒令研制新配方。也许是在这种重压之下，他的精神饱受摧残陷于崩溃，也许是试验中使用的铅和水银彻底摧毁了他的健康。最终，伯特格尔开始酗酒，并于1719年去世，终年37岁。

从日用陶瓷到新型陶瓷

作为工艺品和艺术品的陶瓷已经发展到了极致，同时在日常生活中，陶瓷作为日常用品与人们朝夕相伴，成为不可或缺的生活用品。不知道那位为制作白瓷献出了生命的伯特格尔，看到今天在日用品商店就能买到大量的质优价廉的白瓷餐具会有何感想。

从最开始的用普通黏土烧制的素陶，到精选颗粒均匀的黏土烧制的优质陶器，最终发展出了使用高岭土等矿物质性黏土烧制的瓷器。一言概之，陶瓷发展史的主线就是加强对原料的精选、控制好烧制温度，从而获得更艳丽、更坚硬的产品。

在现代化学技术的助力之下，除了能精炼出纯度无限接近100%的原料之外，还能精确控制材料的粒径、烧制的温度。在这些前提条件之下，性能远超普通陶瓷的新产品——新型陶瓷得以问世。

这种凭借高科技所生产的陶瓷，彻底抛弃了风格之类的艺术领域的一切元素，单纯追求材料的性能，最终成了彻底颠覆传统陶瓷范畴的全

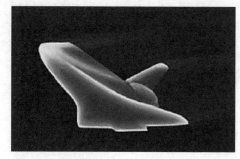

覆盖新型陶瓷外壳的航天飞机进入大气层时的想象图

新材料。其中就有牙科医疗填充材料，一些高强度材料甚至能制作锐利的陶瓷刀具。由于新型陶瓷具有优良的耐热性，航天飞机及大型电子加速器上都少不了它的身影。

新型陶瓷具备这些特殊性能的关键在于分子结构具有极高的均一性。搭积木的时候大家都有过这样的经验，如果中间少了一块积木或者积木表面不平整，当垒到一定高度或超出一定负荷时，就会从有缺陷的地方开始崩塌，导致整个积木搭建的结构全部垮掉。与此同理，多种元素混杂而成的黏土在烧制之后，必然隐藏着众多结构上的缺陷，而新型陶瓷采用高纯度原料烧制而成，并且通过严格控制烧制温度，大幅减少了分子结构上的缺陷。

此外，新型陶瓷的原料与普通黏土大相径庭，能根据需要自由调整成分中的元素。例如，在陶瓷内部形成电容或电极，

使陶瓷本身具有导电性。后文关于磁铁的内容中将会介绍的铁氧体陶瓷等超强磁性材料，当下炙手可热的研究方向——高温超导材料中也有新型陶瓷的身影。

这些高科技材料已经渗入我们生活的每个角落，没有它们，我们的生活将无法想象。不过，令人觉得非常有意思的是，即便是今天的高科技陶瓷材料，它的制造方法也是加水揉制黏土再烧制，与原始社会的土陶没有丝毫的差异。

现在，有100多种材料能用于陶瓷制作，不同的材料按不同的配比，再加上不同的烧制温度，事实上可以制作无数种新型陶瓷材料。陪伴人类走过一万多年的陶瓷在今天依旧蕴藏着无限的潜能。

第三章

来自动物的无上杰作——胶原蛋白

人类为何痴迷于旅行呢？

笔者非常喜欢开车兜风，年轻的时候曾经从日本北部的稚内市一路自驾到日本南部的鹿儿岛市。只要踩下汽车的油门，笔者就能够放下生活中的烦恼和忧虑，逃离日常枯燥的工作与复杂的人际关系。笔者多次想象过放下一切，踏上这种漫无目的、说走就走的旅途。

人类为何痴迷于旅行呢？一般来说，找个安全的地方一直待到地老天荒才是个比较合理的做法，为何人类天生就有这种不安分的基因呢？笔者推测，喜欢旅行的人能接触到很多人，也就有机会接触到很多先进的知识，而且能够将其发扬光大，这是文明发展中不可或缺的步骤。

当拥有先进的技术或者思想的人相遇之时，相互之间可以取长补短，就可以催生、进化出更加先进的技术或思想。如果一个人一生蜗居一地，他将失去与先进思想、技术碰撞、交流的机会。所以说，人类的迁徙是文明发展的必要条件。

英国科学家马特·里德利曾经提到过澳大利亚与塔斯马尼亚岛的例子：塔斯马尼亚岛与澳大利亚原本连为一体，大约在一万年前海平面上涨使两者分离。结果，其他地区发明的新技术传入塔斯马尼亚岛的路径被彻底断绝，原有技术也因为后继乏人而逐渐被遗忘。仅仅数千年之后，塔斯马尼亚岛上的居民就失去了回旋镖、骨制鱼钩、捕鱼陷阱和衣服制作技术。正是因为与外部断绝了联系，陷入一种彻底的自给自足状态，塔斯马尼亚岛上的人们不仅停止了技术进步的脚步，而且陷入了技术衰退。依靠头脑而非蛮力生存的人类，即使冒着生命危险也要踏上旅途最重要的原因就是人的流动与交流、商品贸易是文明发展的基础。

当然，人类并非热爱旅行，在多数情况下是由于其他原因不得不背井离乡，迁徙到异地的。最有力的证据就是，印第安人基本上是O型血这个事实。印第安人的祖先通过白令海峡的陆地桥，从亚洲踏上了美洲的土地。历史学家认为，在这艰苦的行程当中，A型血和B型血的人逐步灭亡，从而造成了今天印第安人中O型血一统天下的结果。

是什么原因迫使印第安人的祖先踏上这段严酷的旅途呢？15 000年前印第安人的祖先就已经来到了美洲（尚有其他多种观点），那时地球正处于上一次冰河时期的末期。为了追寻食物丰富、气候温暖的乐土，他们不得不踏上这严酷而艰难的旅途。

历史上，严寒所导致的饥荒曾经多次给人类带来毁灭性打击，最有力的证据就是，虽然今天地球人口众多，但全人类遗传基因的相似度极高，令人惊异。历经数百万年，今天地球人口已经超过70亿，按常识考虑，人类遗传基因的差异性应该很大。

关于其中的原因，有人提出了这样一种理论：距今约75 000年，印度尼西亚的多巴火山发生了史无前例的大规模喷发，喷涌而出的熔岩量约是1980年圣·海伦火山喷发的3 000倍。遮天蔽日的火山灰使得地球经历了数千年的极寒气候。那时的人类为了追寻少得可怜的食物和阳光，不得不四处迁徙。

在这严酷的环境下，整个地球能够存活下来的只剩下数千人，也就是现代人类的祖先，这一假说充分解释了前文提到的现代人遗传基因高度相似性这一异常现象，反过来也说明，很可能人类真的曾经身处灭绝边缘。

动物皮毛拯救了人类

人类曾经多次经受住了冰河时期的考验，即使在温暖时期，人类也不得不涉足寒冷地区。可以说，在漫长的人类历史中，动物的皮毛曾是唯一陪伴人类的防寒服。

据考证，人类最早在旧石器时代就开始利用动物皮毛了，岩洞和坟墓中发现的壁画证明了这一点。对于打猎为生的人类祖先来说，动物的皮毛是最容易到手的、优良的防寒服原料。

　　而且，人类祖先们也许会觉得，如果身上的皮毛取自强悍的野兽，就会吸收那种动物的能力。当各种纹样的动物皮毛制作的衣服包裹身体的时候，值得人类永远铭记的服饰文化的萌芽就诞生了。

　　获得皮毛需要切开动物坚韧的皮肤，将多余的肌肉和脂肪刮除干净。以此获取的生皮无法直接使用，还必须经过鞣制加工才能成为皮革。

　　从鞣制的"鞣"可以推测，这道工序的关键在于设法将皮革变得更加柔软。去除易于腐烂的动物脂肪和多余的蛋白质组织，经过鞣制加工，促使皮革内部的胶原蛋白分子建立联结（详见后文），使皮革更加柔软的同时大幅提高了皮革的韧性。原始人的做法是用牙齿反复噬咬生皮，利用自身的唾液实现鞣制的效果。后来，人类发现柿子中的苦涩成分，也就是单宁酸（又称为鞣酸）也有类似的效果。到了今天，鞣制皮革主要利用铬盐等化学药剂，比传统的方法效率更高。

　　制作皮衣对鞣制作业技法的熟练度要求很高，还需要高超的针线缝制手艺。也许，人类的"工匠手艺"就是从皮衣制作中开始的。皮毛制作的衣服帮助无数人抵御寒冷，拯救了无数人的生命。

　　关于衣服的起源问题，也有与前文提到的多巴火山爆发相关的理论。通过分析人体寄生虱的遗传基因发现，大约在7万年前，寄生于头部的头虱与寄生于身体的衣虱才正式分化成两个亚种。也就是说，人类为了适应多巴火山爆发造成的严寒才发明了衣服，这个思路与前文的理论相呼应。无数物种在严寒的打击下灭绝，而人类依凭最可信赖的帮手——衣服才存留到了今天。

胶原蛋白的秘密

皮革坚韧、轻便，兼具优良的柔软性与保温性。到了今天，虽然出现了众多可以取代皮革的新材料，但是皮制品依旧深受众人追捧，关键原因在于皮革的主要成分胶原蛋白所具有的特殊性质。

提到胶原蛋白，大家脑海里往往想到的是和美容、护肤相关的产品。事实上，胶原蛋白也是人体的重要蛋白质之一，主要作用是填补细胞之间的空隙，形成牢固的黏合结构。

其实，胶原蛋白也是骨骼不可或缺的成分。胶原蛋白搭建出骨骼的主体框架，磷酸钙结晶填满中间的空隙，形成类似钢筋混凝土的牢固结构。因此可以说，支撑我们的身体、维持我们体形的就是胶原蛋白。因此，胶原蛋白约占我们身体蛋白质总量的三分之一。

但是，人体中所含的绝大部分胶原蛋白都是蛋白质大家庭里的"异类"。一般来说，氨基酸分子依照一定的规律互相组合，形成长长的分子链就是蛋白质。当然，这个分子链并非只是像意大利通心粉似的条状物，而是按照一定的规律折叠成球形。唯有折叠成球形的蛋白质才具有转化人体所需的化学物质、传递各种信息的功能。

胶原蛋白是三条分子链互相缠绕形成细长的三重螺旋结构的纤维组织。其他蛋白质主要活跃于体细胞内部，唯独胶原蛋白独立存在于细胞外部。

胶原蛋白的三重螺旋结构

更奇妙的是，胶原蛋白拥有其他蛋白质中罕见的、具有特殊性质的氨基酸成分。例如，组成胶原蛋白的羟基脯氨酸和羟基赖氨酸比脯氨酸和赖氨酸分别多了一个羟基（由氢氧结合而成的原子团）。20种氨基酸按不同的排列组合方式构成了数万种令人惊异的多姿多彩、性能相异的蛋白质，而以羟基脯氨酸和羟基赖氨酸为原料的胶原蛋白是唯一一类打破常规的蛋白质。

当然，打破常规并非没有收获，这个多出来的羟基肩负着极其重要的职责。前文提到，胶原蛋白具有三条分子链相互缠绕的三重螺旋结构，羟基脯氨酸上多出来的羟基可以和相邻分子链上的氢原子形成难以打开的"氢键",从而紧紧固定住三条分子链。

一旦这个连接键出现异常情况,人体就会遇到大麻烦。当身体严重缺乏维生素C时,羟基的附着能力就会变弱,从而导致氢键解体。这样一来,胶原蛋白被破坏,人体全身的血管开始发脆,这就是令人色变的坏血病。虽然对今天的人来说,坏血病是一种不常见的疾病,但是在大航海时代,坏血病曾经是著名的"船员杀手"。一旦人体缺乏维生素C,即使是微小的伤口都会严重影响人体的生理机能。

胶原蛋白所蕴藏的秘密不仅仅是这些。最近的研究发现,在胶原蛋白的三重螺旋结构之中还存在特殊的搭桥结构,而这种结构在其他蛋白质中极为罕见。在多种连接键的作用下,胶原蛋白形成立体网状结构,组成了极为牢固的框架。

不过,随着搭桥结构的增加,虽然提高了牢固性,但是也会使柔韧性相应降低。研究表明,随着我们年龄的增长,皮肤中胶原蛋白的搭桥结构也会增加。随着时光流逝,我们皮肤的弹性会越来越差,直至出现千沟万壑般的褶皱,其中的原因之一就是胶原蛋白内部搭桥结构数量过多。虽然对青春与美貌来说,搭桥结构令人痛恨不已,但是考虑到正是因为它才催生了胶原蛋白纤维,皮衣才变得结实而温暖,我们只能在叹息之余接受它的存在。

化身武器的胶原蛋白

如前文所述，胶原蛋白不仅是构成皮肤的主要成分，也是构成骨骼的主要成分，而肌腱的成分几乎全部是胶原蛋白。对石器时代的人类来说，这些都是极其重要的材料。

在电影《2001太空漫游》的开篇镜头中，随着一个猿人将骨制武器全力掷出，简陋的武器高高腾起直插太空，最终变成了人造卫星。这部电影的导演斯坦利·库布里克将人类最原始的骨制武器与最尖端的人造卫星进行对接，将人类的历史凝缩于一秒之内展示给观众。易于收集、坚固耐用、重量适中的骨器与投掷石器，应该算是人类最早的强力的武器。

当然，骨器还有更广泛的用途。例如日本的长野县野尻湖，曾经出土过据推测是旧石器时代用兽骨制作的匕首、刮削器及骨锥。在青铜等金属材料被人类利用以前的漫长岁月中，骨头曾经是人类最为重要的硬质材料。

此外，骨头还曾经被用作记录媒介。19世纪末，中国清朝的学者王懿荣为了治病购买被称为龙骨的中药，却发现上面刻着类似文字的图形，而这些图形就是最早的汉字。

在中国的殷商时代，人们用燃烧的紫荆木柱灼烧钻凿龟甲和兽骨，再根据骨头

甲骨文

上的裂纹占卜凶吉，而占卜的结果也会雕刻、保存于骨头上，这就是甲骨文的由来。这些骨头在3 000多年后重见天日，被不明真相的人当成了一味中药。多亏对文字造诣极深的王懿荣发现了龙骨的秘密，不然还会有更多的珍贵史料被当作中药。也多亏古人选择了骨头这种坚硬而能够长久保存的物质作为记录媒介，今天的我们才有机会亲眼看到汉字发展史上的起源文字。

弓矢时代

除了用骨质材料替代棍棒等武器之外，含有丰富胶原蛋白的骨、筋腱等也被广泛用于制作弓。

欧洲曾经出土了距今9 000年的世界上最古老的弓。不过，据说人类使用弓矢的历史应该更加久远。弓矢是一种革命性的武器，它的发明使力量与速度远逊于野兽的人类能在远处的安全距离准确命中强大的野兽。正是弓矢的发明才彻底扭转了人与野兽之间的强弱局面，使人类站在了食物链的顶端。

当弓矢成为人类社会的必备之物后，为了获得射程更远、命中率更高的弓，人类开始对其加以改良。原本弓的主要材料是木材，这类弓在弹性与刚性上缺乏优势，人类创造性地在木材内侧辅以动物骨骼或者用筋腱缠绕弓体，从而发明了复合弓。复合弓小巧轻便，易于乘马操控，是骑兵的利器。蒙古帝国之所以能席卷全世界，复合弓发挥了无可比拟的作用。

元朝时使用的复合弓

　　制作强劲的弓必须将具有高弹性的骨材和筋腱贴合于弓脊上，黏合剂就成了关键，而古人经常使用的便是黏胶。

　　前文提到，胶原蛋白是三重螺旋结构，在水中加热时连接键就会打开，锁住大量水分后冷却成块状物，这就是明胶。明胶也是啫喱、肉皮冻和羊羹等美食的主要材料。

　　黏胶的主要成分是明胶，在英语中拼贴画（collage）和胶原蛋白（collagen）的词源都是"胶"的意思，日语直接将其翻译成"胶原"。

　　归根结底，骨骼、筋腱都富含胶原蛋白，黏胶的主要成分也是胶原蛋白。换句话说，复合弓其实就是用胶原蛋白把其他类型的胶原蛋白粘贴到弓脊上制作而成的武器。优异的材料蕴含的不同特性成功增强了人类的力量，复合弓就是其中最具代表性的例子。

今天的胶原蛋白

随着时代的进步，金属及陶瓷日渐普及，骨器等原始材料逐步退出人类的生活。但是，动物皮毛依旧受到人类的喜爱。埃及法老们为了昭示自己的地位，往往会身披豹皮或狮子皮；欧洲君主及贵族们也争先恐后地用奢华的皮草点缀自身。在著名的油画《王座上的拿破仑一世》中，拿破仑身着华丽无比的白貂皮。在人类漫长的历史中，皮草一度象征着权力与财富。

因此，到了近代，多次发生全球规模的针对名贵皮草动物的捕猎行动。这对于拥有美丽毛皮的动物来说真是飞来横祸，许多动物成了猎杀对象，甚至被逼到了濒临灭绝的险境。明治时期的日本急于赚取外汇，使得质地上乘、有着优良保暖性毛皮的日本水獭遭到滥捕滥杀，短时间内数量急剧下降。1975年之后，日本水獭再也没有被人目睹过，最终于2012年被正式宣布为灭绝物种。

近些年，随着野生动物保护意识的提高，世界各地出现了抵制皮草的运动。同时，由于人造革（制作方法是在布料上涂布合成树脂）的技术进步，开发出了从外观到保暖性均不亚于天然皮草的产品，名贵皮草动物存

《王座上的拿破仑一世》

活个体下滑的趋势才开始有所减缓。和以前相比，天然皮革类产品的身影正逐步从我们的视野中淡出。

摄影行业也少不了胶原蛋白的贡献。彩色照片的胶卷是在塑料片上均匀涂布多层含有显影剂的胶原蛋白。这是因为胶原蛋白除了能长期保存外，还能在显影的时候发挥保湿功能，是胶卷材料的不二之选。

不过，进入21世纪之后，随着数码相机飞速普及，胶卷也在短时间内淡出了市场。现在的社会已经进步到用手机拍摄照片，并能即时通过网络向全世界发布。过去那种把胶卷送到冲洗中心，等几天之后再来取照片的时代已经一去不复返了。

如果你认为胶原蛋白的用途只有这些的话，那就大错特错了。由于胶原蛋白与生命体具有良好的亲和性，所以胶原蛋白在医疗及生化领域中的用途非常广泛，尤其是在化妆品及医药添加物方面，胶原蛋白的运用早已成为常识。

此外，在外科手术中使用由胶原蛋白制作的丝线缝合伤口，随着人体的自我恢复会被逐步吸收，从而免除拆线这一步骤。基于同一原理，不仅在美容整容行业中采用胶原蛋白注射的疗法，而且在隐形眼镜制造和牙周炎治疗中也都要用到胶原蛋白。

目前，胶原蛋白作为再生复原医疗中不可或缺的材料深受医疗行业瞩目。这是一种为疾病或事故导致人体的器官或身体功能出现异常的患者，利用自身的细胞治疗或重新构筑器官的疗法。与通过手术移植他人的器官相比，再生复原医疗无论是从排异反应还是从满足需求量来说，都具有不言而喻的优势。因此，作为新时代医疗技术的再生复原医疗备受瞩目。

但是，并非单单向细胞提供充足的营养任其肆意增长就能获得人体器官，尤其是用于移植手术的人造器官要求增殖细胞必须构成一定的形状。对此，目前最广泛采用的方法是在凝胶状的胶原蛋白框架上培养器官细胞。

胶原蛋白本身具有将细胞相互黏合的功能，与细胞亲和性极强。而且，由于胶原蛋白的特殊结构，与其他种类的蛋白质相比，胶原蛋白引发人体过敏反应的可能性极低。这些特性使胶原蛋白成为再生复原医疗中不可或缺的明星材料。目前，科研人员已经成功开发出了用于黏合软骨与黏膜细胞的产品。相信在未来，人们还能发现胶原蛋白的其他新颖用途。

虽然人类科技水平不断发展，科研能力不断增强，但胶原蛋白这种神奇的材料在人类的生活中依旧扮演着关键角色。如果说纤维素是来自植物的超级材料（详见第五章）的话，那么胶原蛋白就是来自动物的超级材料。

第四章
文明的催化剂——铁

材料之王

本书介绍了多种不同的材料，其中最重要的究竟是哪种呢？当然，这个问题的答案见仁见智，不过笔者认为这个宝座非铁莫属。从公元前15世纪小亚细亚的赫梯人首次使用铁开始到今天为止，铁一直屹立于人类社会生活的正中心，为文明的发展做出了不可磨灭的贡献。

日本的钢铁研究第一人就是被称为"钢铁之神"的本多光太郎（1870—1954，曾任东北帝国大学、东京理科大学校长）。他曾经这样说过："'鐵'的字形意味着'铁者，金属之王者哉'！"大概唯有铁才配得上金属之王、材料之王这样的称号。

本多光太郎

在铁制武器面前，木石武器只能甘拜下风，铁制的锹、镰刀等农用工具对人类开垦土地做出了重大贡献。在铁的帮助下，人类可以轻松地切割坚硬的岩石与木材，所以没有铁就没有建筑技术发展、进步的基础。如果铁没有被人类发现的话，也许今天的人类依旧处于以农耕与狩猎为主要生存方式的原始社会，住在简陋的小屋中。德意志帝国的首任宰相俾斯麦曾经说过"铁即国家"，他想表达的也许是"铁即都市、铁即产业、铁即文明"这一深刻含义。

那么，铁是如何登上材料之王的宝座的呢？这不仅仅因为铁具有硬而韧的特性。其实，纯粹的铁是银白色的柔软金属，在后文中会详细介绍，铁与其他元素形成合金之后，性质会出现巨大的改变，但硬度依旧远逊于钨合金之类的材料。

而且铁属于极易氧化的金属，相信不少在化学课上苦苦背诵金属活动性顺序表的读者应该很清楚这一点。简而言之，这个金属活动性顺序表其实就是金属容易氧化程度的排序。金属活动性顺序表选取了具有代表性的16种金属，而铁处于其中的第8位。也就是说与金、银、铜及铅相比，铁更容易被氧化而出现性能劣化的现象。作为一种材料来说，铁的这个特征是一个巨大的缺陷。

而且，铁的加工难度也比较大，高达1 535℃的熔点，导致炼铁必须使用鼓风机持续送入新鲜空气才能保证铁水的温度，这就需要高超的技术才能得以实现。有历史学家认为，世界各地的古代文明中，青铜器时代先于铁器时代的原因在于，青铜的熔点一般不超过950℃，比铁器更容易炼制。

那么，铁到底有什么优点呢？答案是：地壳的铁元素含量较高。地壳丰度指的是地球表面元素含量百分比排序，铁元素以其4.7%的比例雄踞第四位，在金属当中仅次于铝，见表4-1。但是，铝因为具有极强的氧化性导致精炼难度极高，所以作为材料的利用历史远远短于铁，详见第十章。

表4-1 地壳元素丰度表[①]

元素名称	地壳丰度（%）
氧	49.5
硅	25.8
铝	7.56
铁	4.7
钙	3.39
钠	2.63
钾	2.4
锰	1.93
氢	0.83
钛	0.46

但是，地壳丰度表只是反映了地壳中的元素比例，也就是说这仅仅代表了构成我们人类认知能力范围之内的物质。其实

① 由于不同资料来源及估计方式不同，各元素丰度是大致参考值。此处丰度值为质量百分比。

地球内部的内核与外核还有极其丰富的铁，如果按地球整体质量计算，铁元素的含量高达32.1%！由于铁元素的比重大，在地球诞生初期，大部分处于熔融状态的铁元素沉入地球内部，留在地表的是极少的部分。即便这样，这极少量的铁元素也在地壳元素丰度表内位列第四，可见地球所含有的铁元素是何等丰富！真可以说，我们就居住在主要由铁元素构成的行星上。

著名的科普作家卡琳·菲茨杰拉德在《铁的传奇》一书中提到过一个观点：民主主义之所以能实现，关键在于这个世界中铁元素无处不在。制造青铜的原料矿石极为罕见，容易被少数统治阶级垄断。但是铁矿石分布非常广泛，只要掌握炼制的技术，社会大众都能获得铁。因此，掌权者无法垄断强大的铁制武器，民众的力量得以强化。

改变人类历史的材料大体可分为两类：一类是所有人都想占有的稀缺性材料，另外一类是能大量生产、廉价销售的材料。第一章介绍的黄金属于前者，而铁则是后者的代表性元素。

重物质的归宿——铁

现在问题来了，为什么地球上铁元素的含量雄踞金属类元素的首位呢？这个问题的答案涉及核物理学领域的知识。

不同种元素互相组合就可以形成新的物质，为了获得有用的物质，生物学家和化学家们日夜操劳，各自进行元素组合尝试——化学反应。但是，单凭化学反应，烧瓶里不会出现原料中没有的元素，也不可能凭空产生全新的元素。第一章阐述过炼金术士们历经数千年的奋斗，连一粒金沙都没"炼"出来。

我们的身体也是由各种元素构成的，这些碳、氧、铁等物质到底是从哪里来的呢？答案就存在于宇宙的星空之中。类似太阳之类的恒星内部温度超过1 000万℃，在这种超高温的环境下，原子核之间相互融合，从而产生了全新的元素。现在，我们的太阳正处在将氢原子融合成更大粒子的过程中。

在巨型的老龄恒星内部，正进行着将质量更大的元素融合成重元素的步骤。不过，元素的质量并非无限增大，超过一定质量之后元素的原子核处于不稳定

老龄巨型恒星截面图

状态，导致新元素的产生陷于停顿状态。这条分界线就是铁元素，26个质子和30个中子组成的铁原子核是元素中最稳定的结构之一，小于铁或大于铁的原子核均不稳定。这就是地球上铁元素含量远远高于其他金属类元素的最大原因。

那么，比铁元素更重的元素是怎样产生的呢？关于这一点，过去的学术观点认为，当巨型恒星到了生命的最后时刻就会发生大爆炸，也就是在超新星爆炸时会产生大量比铁元素重

的元素。近年的研究成果认为，像中子星这样的高密度星体发生碰撞、融合之际会产生比铁元素更重的物质。也就是说，今天地球上的金、银以及我们体内的锌、碘等重要元素，均来自远古的星尘。

据说，宇宙诞生到现在历经了约138亿年，整个宇宙中氢元素占93%以上，加上排名第二的氦元素，总体占宇宙元素的99.8%。不过，在未来历经漫长的数百亿、数千亿年之后，铁元素的比重会越来越大。有些科学家认为，如同百川入海一般，所有元素的最终归宿就是铁。当然，早在那　天来临之前，宇宙中的一切生命体就已经悄然消失，最终宇宙会变成一个无人守望的冷寂空间。

钢与森林滥伐

铁元素本身不仅具备了众多优点，还有更重要的特性：例如与其他金属形成具有特殊性能的合金，或者自然形成磁铁等。地球上这些特殊的铁合金数不胜数，本书第九章专门介绍了磁铁所具有的特殊性质。

铁合金中最重要的材料就是钢，所谓钢其实就是含有0.02% ~ 2%碳的铁。由于碳的存在，铁获得了令人惊异的硬度与韧度，经过锻造延展后，可以变成锋利的武器。日语中"钢"的词源就是"刀口铁"。

前文提到，赫梯人于公元前15世纪就率先使用了铁制武器，这个说法也不尽正确。在此之前，世界各地已经有了利用陨铁材料锻造刀剑的记录，而且加热、精炼铁矿石能获得海绵铁，利用海绵铁制作各种工具的技术已经极为普遍。但海绵铁过于柔软，无法直接用于制作武器或建材。

赫梯人却有了重大技术发现：在木炭中加热海绵铁，就能获得坚韧的钢。

话虽简单，但是仅仅在木炭中加热铁并不能获得钢。正如前文所述，熔化铁需要极高的温度，这就需要不停地输送氧气维持高温火焰持续燃烧。而且当碳含量超过一定范围之后，铁反而发生脆化，稍有外力就会断裂。赫梯人率先开发出了维持炼钢条件的新技术。

在钢制武器的助力之下，风头一时无两的赫梯人征服了小亚细亚，并且一度攻入今天的叙利亚和埃及地区。可以说，当人类掌握了炼钢技术的那一刻，世界文

埃及壁画中赫梯军队的战车

明就进入了一个全新的发展阶段。

赫梯人一直严守为他们带来强大战斗力的炼钢技术的秘密，但他们的帝国未能长治久安。大约在公元前1190年，叛乱及外族入侵使强大的赫梯帝国成为历史。但是也有观点认为，

赫梯人为了获得炼钢所需的木炭对森林进行滥伐，导致环境遭到严重破坏，这才是赫梯王国灭亡的主要原因。虽然赫梯人掌握了制作精良武器的技术，但是制造业带来的严重环境问题最终也导致了帝国的毁灭。

还有一种观点认为，赫梯人向东迁徙，后来演变成了鞑靼人，并于5世纪左右将炼钢技术传到了日本，据说这是现代日语"鞑靼钢"一词的词源所在。2015年塔吉克斯坦共和国科学技术部访问日本的岛根县，调查鞑靼钢与日本的渊源。也许，这种观点并非空穴来风。

学术界的主流观点认为：赫梯人最早掌握了炼钢技术，炼钢技术随着赫梯帝国的灭亡流传至世界各地。到了近年，这种观点开始遭到质疑，因为在赫梯人的文化遗址中确实发现了铁器，但是未能找到异族入侵引发战乱的证据。看样子，这个课题只能留给后人进一步研究了。

最重要的问题在于保证炼钢所需的木材供应，日本每建造一个炼制鞑靼钢的高炉就需要1 800町步①的森林。所以说坐拥广袤森林的日本出云地区，成为鞑靼钢生产基地确实有其原因。

---

① 1町步≈10 000平方米。

"不生锈的铁"问世

英语中有这样一句歇后语：给福斯桥刷漆——没完没了。福斯桥位于英国爱丁堡地区，全长2 467米，于1890年顺利通车。由于它具有独特的建造技术，于2015年被收录进世界遗产名录。

不过，这座桥处于一个日常遭受海风吹袭、极易锈蚀的严酷环境中。因此，大约有30名专业人员负责日常检查、维修的工作，而且每三年就要对福斯桥进行一次彻底涂漆。所以，"给福斯桥刷漆"形容的是那种"没完没了的重复作业"①。

德里铁柱

这个故事生动地体现了铁的最大弱点——易氧化性。如果没有这么多年为保住福斯桥的不断维护，估计福斯桥在很久以前就垮掉了。因此，长久以来人类的最大梦想就是找到一种"不生锈的铁"。

最著名的"不生锈的铁"应该是印度的大马士革钢，它最大的特征就是表面带有华丽的水纹。用大马士革钢制作的刀剑

① 工作人员在2011年给福斯桥刷了一种有效期长达25年的油漆，这项持续了120多年的涂漆工作终于可以喘口气啦。

极为锋利，可以轻易地斩入铁制盔甲。据说，著名的德里铁柱就是用大马士革钢制作的，到了今天已历经1 500多年的风雨，依旧屹立不倒、毫无锈蚀。

为了保守秘密，大马士革钢的炼制技术严格遵循父传子承的古老传统。一些荒诞的传闻说，在炼制大马士革钢的时候，铁匠会将烧得炽热的铁铤刺入强壮的奴隶体内进行冷却，刀刃在冷却过程中吸收了奴隶体内的精华，才能制作出强大的武器。不过，真正的大马士革钢炼制方法已经失传，并未流传到今天。

为了提高铁的耐锈蚀性，人们发明了金属镀层法。比较著名的制品包括：在钢板表面镀锡成为马口铁、镀锌成为白铁，用烧灼法形成琉璃质镀层叫珐琅。不过，一旦这些镀层出现破损，锈蚀就会从破损处开始蔓延。

不锈钢的诞生应该算是让人类终于圆满实现了3 500年来的"不生锈的铁"这个梦想。不锈钢的发现完全出于偶然，1912年，英国人亨利·布雷尔利（1871—1948）在钢企任职，负责开发不易磨损的合金钢。他试制了一种铬含量20%的钢，不料这种钢样品的加工难度极大。布雷尔利将其作为失败产品丢在了脑后。几个月后，他再次想起这些样品，发现这些样品表面丝毫没有生锈的痕迹。后续经过反复研究，加工的难题终于被克服了，不锈钢就此问世。在此，笔者不再赘述不锈钢如何深入我们的生活，给社会带来了多么巨大的改变。

严格来说，不锈钢并非不生锈，而是表面的铬被氧化后形成一层薄膜屏障，将氧元素阻隔在外，防止内部的分子进一步被氧化。

此外，人们还开发出了具有高强度、易于加工、易于焊接等不同性质的特殊钢材，为我们的日常生活提供了诸多便利。性能各异的铁合金蕴含着铁元素无尽的奥妙，这也是它最大的魅力之一。

铁即文明

即使在今天，炼钢技术依旧不断发展。一座现代钢铁厂的高炉一天能生产出1万多吨铁。单单2015年，全世界的粗钢产量就高达16.23亿吨，这些钢可以为整个东京市23区铺上一层厚达30厘米的钢板。钢的产量占据全球金属产量的90%以上。

铁即文明，这个事实到今天依旧如此。钢铁的产量是体现一个国家国力最直观的标准。第二次世界大战结束后到1970年，美国的钢铁产量一直独占鳌头。到了石油危机的时候，苏联的钢铁产量超越了美国。20世纪90年代初，苏联解体后，日本成为世界钢产量冠军。到了20世纪90年代后期，中国进入高速成长时代，现在，中国的钢铁已经占据了世界市场的半壁江山。

另一方面，高附加值钢材的开发日新月异。在现代炼钢厂里，通过实施大规模精准温度控制，可以根据市场多种多样的需求生产出高强度、高延展率、易于焊接的多种特色钢材。虽然炼金术士们未能把铁变成黄金，但是科学家们把铁变成了无数具有特殊用途的金属材料。

通览历史，与其说是人类利用铁发展了文明，不如说是人类的文明紧跟着铁的特性发展而发展。到了今天，塑料、碳纤维等许多优秀材料也陆续出现，但是能够取代铁的材料估计永远也无法诞生。从某种意义上说，自从赫梯人开启"铁器时代"以来，到了今天人类依旧生活在铁器时代，或许人类直到灭亡都无法彻底摆脱对铁的依赖。

第五章

文化传承的记录媒介之王——纸

从房屋到纸张

炎炎夏日，在杂草丛生的院子里除草这种痛苦经历，相信绝不是只有笔者体验过。想要将看起来柔弱不堪的杂草连根拔起，你就不得不和具有出人意表的柔韧性的它苦战一番。望着掌心磨出来的血泡，笔者由此体验到了生命蕴含的力量。

匍匐于地面，无法像动物一般逃跑或捕猎的植物，为了种族的延续而进化出各种各样的身体结构。杂草遭遇强风也不会倒伏、折断，既牢固却又柔软，其秘密就在于植物纤维。这也是支撑植物走到今天的重要物质之一。

不同种类植物的形态、繁衍方式、生存环境的差异之大令人咋舌。但是，坚韧的植物纤维、叶绿素主导的光合作用、能经受酷寒干燥的种子是许多植物共有的三个特征。可以说，这是在漫长的进化过程中，植物创造出来的"三大发明"！

植物纤维如此坚韧，其中的奥妙在于纤维素与木质素这两种物质。比对人体物质，前者相当于骨骼，后者相当于肌肉。

植物之所以能欣欣向荣，占据了我们这个星球的大部分陆地表面，这两种物质的组合发挥了无可比拟的作用。例如，纤维素占树木整体重量的40%～50%。纤维素也是地球上最重的有机物，据说全球的植物每年合成的纤维素重量为1 000亿吨！

身边有如此天量的有用之物，人类当然不会置之不理。其实，人类一直就生活在纤维素之中。前文所述，木材的主要成分就是纤维素，远古时代的人类就已经懂得利用木材建造房屋和取暖。纤维素含量几乎为100%的麻和木棉，是织造衣物的重要材料。膳食纤维中的主要成分纤维素，也是非常好的药物载体。部分细菌也会分泌纤维素，例如醋酸菌能分泌类似椰果组织的、呈球形的纤维素。

通过化学方法对纤维素进行深加工，能使纤维素的用途更加广泛。其中，最好的例子就是硝酸纤维，也是以前广为人知的人造象牙的主要成分，其实就是经过硝酸处理的纤维素（请参考第十一章），是摄影胶卷不可或缺的主材料，也曾用在液晶显示器中。

不过，大家最熟悉的纤维素产品应该非纸张莫属了。纸张的作用不仅限于书、笔记本等信息记录媒介，还能成为纸拉门之类的建筑材料，纸板箱或包装纸等包装材料，纸杯、牛奶盒等容器，咖啡滤纸、尿不湿和面巾纸等各种日用品，现代人的生活每天都离不开纸做成的产品。假如有人问什么是人类历史上最伟大的发明，答案仁者见仁，智者见智，而纸张绝对能成为最有实力的竞争者之一。

造纸术的改进者

自古以来，在人类使用的多种材料中，纸是最特殊的存在，因为它的改进者甚至连改进年份都留下了详细的记录。造纸术的改进者是位名叫蔡伦（？—121）的东汉宦官。他生前身居中常侍之位。中常侍相当于宦官的中层管理职位，蔡伦本人还兼任尚方令，主要负责替皇帝制作各种器具，相当于皇家御用作坊的负责人。据说蔡伦具有发明家的天资，因为他制作的器具极为精美而深受皇帝的认可。正是这种天才之士，再加上拥有调动资源进行反复试验的权力，最终蔡伦改进了造纸术，对人类文化传播和世界文明的进步做出了巨大的贡献。

蔡伦造纸

史书记载，公元105年，蔡伦总结了以往人们造纸的经验，革新造纸工艺，利用碎树皮、麻布头、破旧渔网等原料制作出了薄而结实的纸张，并敬献给当时的汉和帝。汉和帝龙颜大悦，给予蔡伦优厚的赏赐。

在纸发明以前，人类主要使用将经过处理的木片与竹片捆扎而成的记录媒介，也就是木简与竹简。毋庸多言，这些东西体积庞大，使用起来极为不便。而纸不仅易于书写，既薄且轻，不占地方，可以制成卷轴或装订成册保存，轻巧却能记录大量的信息，实用性远超木简和竹简。

蔡伦以前的时代并非完全没有类似纸的东西。到今天为止所发现的最古老的"纸"应该是中国甘肃省天水市出土的麻纸，据推测应该制作于公元前179年至公元前142年之间。能用于书写文字的纸早在西汉宣帝（前74年—前49年在位）时代就已经问世，被命名为"悬泉纸"。

此外，在埃及出土过纸莎草（将具芒碎米莎草茎的外皮平摊后压制成片状）等类似纸的物品，也就是说在中国以外的地区也有过相似的发明。但是这些"纸"的质量较差，而且价格极其昂贵。

蔡伦不可磨灭的贡献在于，以身边的廉价材料或废弃物为原料，大幅降低了纸的生产成本。而且他制作的纸既薄且韧，质量远远高于其他品种的纸。真可以说，蔡伦改进的造纸术是具有划时代意义的创新成果。

那么，蔡伦纸的生产工艺又是怎样的呢？首先，仔细清洗麻布头，然后加草木灰，将其反复煮开。站在现代科学知识的角度分析，这就是加热碱性溶液分解杂质，提取高纯度纤维素。然后，将浸泡过的原料捞起，放在石臼内彻底捣碎，再加水稀释，得到纸浆。再用绷着细网的木框将纸浆晾干，彻底干燥之后，最终的成品就是纸。这种制作方法已经传承了近2 000年，与现代的造纸工艺别无二致。从这一点来看，虽然在蔡伦之前已经有了类似纸的实物，但蔡伦才是对造纸术做出最大贡献的人。

纤维素为何如此强韧？

为什么纸非常薄却极具韧性呢？让我们在分子的层面上观察一下纤维素的结构。在纤维素内部可以看到葡萄糖分子排成长列，也就是说纤维素就是一条葡萄糖分子链。光合作用的产物就是葡萄糖，植物将葡萄糖分子直接转化为纤维素，这真可以说是种就地取材的高效抉择。

葡萄糖分子携带多个羟基，纤维素内部存在成千上万的氢原子和氧原子，与羟基中的氢氧原子相互吸引形成氢键。和原子之间的共价键相比，氢键的牢固程度只有共价键的10%左右，但是纤维素内的氢键数量庞大，聚沙成塔形成了令人不可小觑的力量。

这种氢键不仅仅存在于处于同一条分子链的葡萄糖分子之间，甚至不同分子链之间的氢氧分子也会相互吸引结合成氢键，最终形成极为坚韧的纤维。纤维素纤维之间的分子排布紧密，异类分子或酶分子很难渗透进内部，所以即使历经长时间的考验依旧能保持原形。几百上千年前雕刻的木制佛像，在今天依旧完好如初，接受信众们的朝拜，其中的奥秘就是纤维素纤维的力量。

葡萄糖分子链所形成的化合物不仅限于纤维素，还有直链淀粉——就是通常被称为淀粉的物质——也是葡萄糖分子的长链。如果从二维角度观察，纤维素与淀粉几乎一模一样，但是两者的性质却天差地别。以纤维素为主要成分的纸和棉花无法食用，而以淀粉为主要成分的米饭自然不能当衣服穿，更不能用来写字。

纤维素与淀粉的差异唯有一点，那就是葡萄糖分子的联结方式。纤维素中的葡萄糖排列呈直线状，而淀粉中的葡萄糖排列呈螺旋状。

纤维素的结构

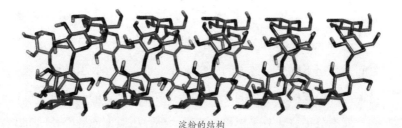

淀粉的结构

拥有直线结构葡萄糖分子链的纤维素易于排列成束，从而形成致密的纤维。与此相反，拥有螺旋结构的淀粉在干燥的时候还能保持一定的强度，可是一旦水分子渗入内部，淀粉的螺旋结构开始解旋，使其他分子更加容易进入淀粉内部，这就是生米和米饭的差异所在。

在人体内完成解旋之后，淀粉在多种酶的作用下被轻易地分解成单个葡萄糖。换句话说，淀粉所具有的特性使它成为一种易于保存的能量物质。因此，在许多种子以及薯类块根中，都以淀粉的形式将能量储存起来。

植物利用光合作用合成大量葡萄糖，再利用葡萄糖合成结实而柔韧的优秀的材料——纤维素，也为了生命的延续而合成优秀的储能物质——淀粉。自然的机理如此玄妙，令人赞叹不已。

洛阳纸贵

纸最重要的作用就是记录、传播与保存信息。在纸诞生以前，秦始皇征服六国之后收缴各地对自己统治不利的史书及儒家典籍付之一炬，史称"焚书"。当时所有的内容只能记录于木简和竹简之上，仅仅用一把火就能彻底湮灭一切书面信息。

虽然和木简、竹简一样，纸也怕火，但是纸量大价廉，易于复制信息、多处保管，即使一两本书遭到焚毁，信息依旧能得以保存。像纸这样通过降低成本而实现了大规模生产的记录媒介，是信息广泛传播的必备材料。

纸的诞生，为文化发展开创了新篇章。汉字诞生伊始的雏形是雕刻在骨头或龟甲之上的文字——甲骨文。随着笔和木简、竹简的普及，汉字的字体也发生了变化，演化出了后来的篆书和

王羲之的行书《兰亭序》

隶书。到了东汉，随着纸的诞生，今天我们熟悉的楷书、行书等也应运而生，许多著名的书法家也在历史的舞台上留下了传世之作。尤其是到了东晋时代，随着纸张质量的提高，被誉为"书圣"的王羲之（303—361）将书法艺术提升到了新的境界。

作为记录媒介的纸易于保存、运输，是文化传播的倍增器。西晋的文学家左思（250?—305）曾经花了10年时间写出了名作《三都赋》，甫一问世就好评如潮，世人争先恐后誊写其文，洛阳的纸张供不应求而纸价飞涨。用今天的话来说，左思应该是人类最早的畅销书作家。这就是成语"洛阳纸贵"的典故。

科举制度也是靠着纸的普及才得以实现。科举就是通过考试选拔有才之士担任官员为国效力，是不问家世选拔民间贤才的划时代制度。因此，科举考试的竞争极为激烈，某些年份的考取率仅为三千分之一。

科举考试的考题往往是从《论语》《孟子》等典籍，也就是从通常说的四书五经中选定，所以参加考试的人必须能够背诵43万字以上的典籍和其中重要的注释。当然，作弊行为也是避免不了的，现存的一套用于考场作弊的内衣上用密密麻麻的蝇头小字尽数收录了考试会用到的众多典籍。关键在于，无论是应试者还是考试本身都要消耗大量的纸张。

隋文帝（541—604）是科举制度的开创者。科举制度一直持续到20世纪初。无数著名的政治家就是通过科举考试才有了步入政坛的机会，最终也凭一己之力推动了历史的前行。假如没有笔和纸张，如此大规模的人才选拔制度根本无法实施。

造纸术东渡

很快，造纸术开始向全世界传播。据史料记载，在日本推古天皇在位的公元610年，由高句丽的云游僧云徽制作了日本历史上的第一张纸。不过据考古推测，也许在更早的日本实施户籍管理的时候，日本人就已经开始使用纸张了。

幸亏日本拥有三桠树、楮树等优良的适于造纸的植物，后来还发现在造纸的时候在纸浆中掺入从雁皮树中提取的黏液，就能得到薄而结实的纸张。读者在阅读本书后文中提到的欧洲纸时加以对照，就可以明白这些本土植物对日本文化产生的影响是如此之大。

日本纸——也就是和纸——具有极强的韧性，其中的奥妙在于楮树材料中提取出来的长纤维，还有就是被称为"水合剂"的黏液。这种黏液的主要成分是与纤维同属多糖类的物质，与氢原子相结合产生氢键，从而造就了和纸特有的柔韧性与顺滑性。

在日本固有的自然环境下，经过历代造纸工匠锲而不舍地研究，最终形成了日本特有的和纸。以《源氏物语》为代表的日本文学，在世界文学史上早早就能争芳吐艳，与当时的日本拥有丰富而优良的纸张是分不开的。

纸不仅仅是一种记录媒介，作为一种在日式建筑中使用的材料，纸拉门、纸窗等也形成了独具特色的日本风格。用纸折出花、动物等各种形象的折纸艺术，也是极具日本特色的纸文化之一。虽然其他国家也有类似的折纸艺术，但是薄而柔韧的和纸可以折出更复杂的造型，所以折纸艺术在日本大放异彩，以至于现在国际上以日语发音"origami"命名折纸艺术。

进入明治时代[①]，随着机械造纸的普及，和纸的产量急剧下

---

① 日本明治时代指1868年至1912年。

滑。但是，和纸美丽的纹路和坚韧性在今天依旧作为工艺品而深受日本民众喜爱。日元纸币的纸张是以三桠树为原料的，可以说和纸这一传统产品依旧保持着旺盛的生命力。

造纸术西传

公元751年，唐朝的军队与阿拉伯帝国阿拔斯王朝的军队在今天的哈萨克斯坦塔拉兹爆发激战，也就是历史上著名的"怛罗斯之战"。据史料记载，此次战役唐军损失惨重，有不少人成了俘虏。

这次战役给后世带来极大的影响，原因并非战役本身，而是唐军俘虏中有具备造纸技术的工匠们。

阿拔斯王朝甫一接触纸张就领悟到了纸张的重要性与便利性，开始四处寻找能成为造纸材料的植物，并对造纸术加以改善。公元794年，阿拔斯王朝在首都巴格达建成一家造纸作坊，为所有的行政文件及公用文书提供纸张。

不久后，造纸术又流传到了欧洲。据说一位名叫让·蒙戈菲尔的战俘曾经在大马士革的造纸作坊中当过苦役。他于1157

通过手抄本方式得以流传于世的《一千零一夜》

年回到家乡后开创了造纸事业。完成人类首次热气球飞行壮举的约瑟夫·蒙戈菲尔（1740—1810）和雅克·蒙戈菲尔（1745—1799）就是他的子孙，而热气球的内衬用的就是家传手艺生产的纸张。蒙戈菲尔家族的造纸企业曾经为毕加索和夏加尔等画家提供画作纸张，后来公司几经改名延续至今。

再看造纸术传播到其他国家和地区的时间，1056年传入西班牙，1235年传入意大利，1391年传入德国，1494年传入英国，1586年传入荷兰，造纸术登陆北美洲则要等到1690年（以上年份尚有不同观点），传播的速度之慢令人感到意外。其最大的原因在于，欧洲地区几乎找不到适合造纸的植物。纸张的原料一般为亚麻布布头，随着用纸的需求不断增长，造纸原料的价格也水涨船高，英国甚至在1666年制定了禁止用亚麻布包裹尸体的法令。欧洲真正实现纸张大规模生产是在19世纪中叶德国人弗雷德里克·G.凯勒（1816—1895）开发出从木材提取纸浆的技术之后了。

东方的书法与水墨画，正是依托纸张达到了极高的艺术境界。与之相对，西方在雕刻等领域取得了很高的艺术成就，在绘画方面也以壁画（请参考第六章）及油画等类型为主。笔者饶有兴致地设想，如果欧洲人早早拥有坚韧顺滑的纸张，也许世界美术史会发生天翻地覆的变化。

古腾堡印刷术的问世

15世纪中叶，原本与纸无缘的欧洲对纸张的需求出现了爆炸式的增长，主要原因就是印刷术在欧洲普及。印刷术的伟大之处在于，用远超人工抄写的速度大规模复制同一信息，是一种打破世界原有格局的新技术，它无可比拟的重要性绝对不是三言两语所能道尽的。

令人意外的是，目前现存的世界最古老的印刷物居然在日本，是称德天皇于公元770年为了祈愿国泰民安而制作雕版，以类似用印章在纸张上盖印的方式所印刷的陀罗尼经咒（一种佛家真言），印刷总量达100万枚。据史料记载，到了11世纪的宋代还出现了用活字排版印刷的技术，也就是活字印刷术。

但是真正超越前人在历史上留下盛名的是研发世界上第一台印刷机的约翰·古腾堡（1398—1468）。1450年，约翰·古腾堡以葡萄榨汁机为基础改造出的印刷机成了他开创印刷业的起点。后来，他又成功开发了铅活字与油性墨水的量产技术，一手促成了印刷产业大发展，以此卓越的功绩被推崇为"现代印刷术鼻祖"。约

约翰·古腾堡

翰·古腾堡的贡献使得当时的书籍价格下降超过90%，更重要的

是印刷术杜绝了人工抄写的错误，确保了信息传播的精确性，对人类文明发展的贡献不可估量。

可惜历史却开了个令人哭笑不得的玩笑：为了研发印刷机，古腾堡四处借贷，到了试制成功的那一天，闻讯而来的债主们扣押了古腾堡的印刷机！

古腾堡印刷术曾经制作过一个臭名远扬的产品，那就是尽人皆知的"免罪符"。人们通过向教会支付一定的金钱购买"免罪符"，即可获得神的"赦免"。这种卑鄙的做法令世人深切体会到了教会的堕落，其中就包括著名的马丁·路德（1483—1546）。

1517年，马丁·路德针对"免罪符"的弊端提出了《九十五条论纲》，利用印刷术技术四处传播。仅仅用了两周就遍布德国全境，才一个月就传遍了整个基督教世界。印刷术诞生之后的世界，信息传播速度发生了翻天覆地的变化。人们

《九十五条论纲》

的怒火转眼间就变成了席卷欧洲的宗教改革狂潮，导致天主教与新教分道扬镳。这些大量生产出来的薄薄的纸片，确实推动

了历史变革的大潮。

纸张与印刷术引发的知识普及浪潮，成为推动整个欧洲科学技术普及的巨大力量。反观伊斯兰世界，印刷术居然无法普及，甚至还遭到抵制与迫害。奥斯曼帝国巴耶塞特二世（1447—1512）和塞利姆一世（1467—1520）当政期间甚至发布过禁止印刷一切阿拉伯文和土耳其文的法令，而这条法令一直在奥斯曼帝国的领土上持续了300年。

这么做的原因在于，当时的伊斯兰世界普遍认为书写能力是上天的恩赐，抄写《古兰经》是无与伦比的荣耀，而且文字书写与东方的书法一样，属于艺术领域的行为。如果使用机器完成这一神圣的艺术工作，那就是亵渎神灵的堕落行为。

在8世纪到13世纪，伊斯兰世界的科学技术水准名列世界前茅，而以欧洲的文艺复兴为分水岭，此后的伊斯兰世界在科学技术方面逐渐落后于欧洲。一些观点认为，伊斯兰世界拒绝印刷术，导致知识普及缓慢是其科学技术发展缓慢的最大原因。当笔者体会到印刷品在当今社会的重要性时，不由得对这一观点深感认同。

记录媒介之王

以纸张为载体进行信息与知识的传播，极大地改变了世界历史进程并推动了文化发展的步伐。纸已经渗透到了人们生活的每一个角落，今天的我们在无意识间依旧享受着来自纸的恩惠。人类文明的基础，正是建立在纤维素织就的那看似薄而柔弱的纸张之上。

到了20世纪下半叶，终于出现了能动摇纤维素作为记录媒介之王地位的材料。那就是电磁类记录媒介，也是将在第九章中提到的磁铁。现在，整整一个图书馆的书都能载入手掌大小的硬盘中，而且能即时调阅出需要的信息。

电磁类记录媒介诞生伊始，有人认为纸张即将遭到淘汰，无纸社会即将来临的呼声甚嚣尘上。那一天已经过了数十年，今天，全球的纸类年产量居然超过了4亿吨，还保持着继续增长的趋势。随着个人处理信息量的剧增，带动了用于阅读的纸张消耗量。

这是多么令人惊叹的奇迹！纸，也就是纤维素，已经伴随人类跨越了近2 000年的时光，到了今天需求量却不减反增。其中最引人注目的便是纳米纤维纸。纳米纤维纸就是将来自植物的纤维裂解成数十纳米长的纤维，再进行固化得到透明的纸张。普通纸张中，纤维之间包含空气，导致光线出现散射而呈现白色；纳米纤维纸的纤维排列紧密，不存在空气渗入的间隙，光线能直接透过纸张。

这种纳米纤维纸与塑料混合而成的新材料，重量仅为钢铁的五分之一，强度却高达钢铁的五倍！调整塑料成分后，其还能被制成新型的"导电纸"。纳米纤维目前最大的问题是成本居高不下，唯有找到解决之策，实现低成本、轻量化才能广泛应用。如果纳米纤维能替代目前风头正盛的碳纤维应用于航空、汽车产业，必然可以大幅降低燃油消耗量，削减碳排放量。迈入纳米技术时代之后，"纸"已经化身为一种高强度、高品质的超级材料。

第六章

千变万化的材料之星——碳酸钙

变换自如的大明星

本章的主角碳酸钙是一种千变万化的材料，可以被称为材料世界的多面人。从拯救世界的明星到引发动荡的邪恶黑手，扮演了千差万别角色的碳酸钙拥有着多姿多彩、令人惊异的面孔。

作为石灰岩的主要成分，碳酸钙是一种极为常见的物质。即使在自然资源匮乏的日本，石灰岩也很常见。在著名的景点秋吉台和四国地区的喀斯特景区，裸露于地面的石灰岩随处可见。而深埋于地表之下，受水流侵蚀而成的钟乳石洞，在日本各地均有发现。

人们生活中最熟悉的碳酸钙产品当数老师手中的粉笔了。长久以来，它都是教室中不可或缺的存在。碳酸钙粉末具有研磨的功效，所以在牙膏与橡皮擦中身负重任。此外，碳酸钙也是制陶的重要原料之一。造纸业中也少不了碳酸钙，纸浆中加入适量的碳酸钙，就能生产出洁白而薄如蝉翼的纸张。

碳酸钙还是重要的食品添加剂，如面条生产时使用的"碱水"，加快面包发酵速度的酵母活化剂，火腿、香肠、点心中的营养增强剂，还有制药业中的有效成分载体等，碳酸钙的身影无处不在！

虽然外观上完全不同，可大理石也是实打实的碳酸钙产物。石灰岩遇到岩浆熔化之后再次结晶就会形成大理石。大理石是雕刻与建筑的上好材料。石灰粉掺入水和颜料，在墙壁尚未干透的灰浆上绘画，这就是著名的壁画艺术。世界上代表壁画艺术的杰作当数西斯廷教堂的壁画《最后的审判》，它的作者便是著名的米开朗琪罗（1475—1564）。

此外，作为人类最古老的美术作品，拉斯科洞窟壁画也属于创作于石灰岩表面的壁画。唯有能历经千万年而不变质、磨损的石灰岩，才使壁画得以跨越15 000

拉斯科洞窟壁画

年的时光，展现在世人面前。可以说，即使在艺术领域中，我们也受到碳酸钙无与伦比的恩惠。

孪生行星的分水岭

为什么地球上有如此之多的碳酸钙呢？其实，产生碳酸钙的原料之一就是空气中的二氧化碳。它易溶于水，因此在海洋中形成大量的碳酸，遇到海水中丰富的钙离子时，就会形成不溶于水的碳酸钙。

在漫长的岁月中，地球上巨量的二氧化碳以石灰岩的形式被"固定"于地表，这对地球来说是决定未来的分水岭。众所周知，二氧化碳是一种高效的温室气体。在它的作用下，阳光带来的热量被封闭在大气层之内，最终会导致地球的环境温度上升到可怕的程度。诞生初期的地球被巨量的二氧化碳重重包裹，炽热的温度足以导致海水蒸发殆尽。但是，海底火山喷发出大量的钙，与溶于海水的二氧化碳通过化学反应结合并沉淀于海底。这样一来，大气中的二氧化碳含量越来越低，地球的温度也逐渐变得适宜生命生存。

金星，可以称得上是地球的孪生兄弟。两者无论是直径还是质量都非常接近。有足够的证据表明，金星也曾经拥有过海洋，可惜就因为金星比地球更接近太阳，接收到的来自太阳的热量高于地球。结果，在金星大气层中的二氧化碳被彻底吸收完毕之前，金星表面的海洋就已蒸发殆尽。现在金星表面的大气压力是地球的90倍，其大气层几乎完全由二氧化碳构成。在可怕的温室效应作用之下，金星表面某些地方的环境温度高达400℃。

也许，一步小小的变化就会使地球变成炽热的"地狱行星"。今天的人类能够生活在宜居的温度环境中，更确切地说是所有生物能够繁衍生息，多亏储存了天量二氧化碳的碳酸钙。

石灰与土壤改良

将石灰列为重要材料的一个重要理由是，石灰与草木灰同为极易到手的碱性物质。此外，煅烧粉碎后的石灰岩或者贝壳，将其中的二氧化碳分离之后得到的产物便是生石灰（氧化钙），不但具有更强烈的碱性，而且拥有强大的杀菌效力。

最令人不可思议的是，石灰居然还曾经用于照明。向燃烧氢气时产生的高温火焰吹入石灰粉便会产生强烈的白炽光，而石灰的英语单词是lime，因此这种强光被称为"石灰光"（limelight），曾被广泛应用于剧场、舞台照明。进入20世纪，随着白炽灯的诞生，石灰光退出了舞台，而limelight一词在英语圈引申出了"深受瞩目"之意。

英国天体生物学家路易斯·达特内尔（1980—　）在他的著作《世界重启》中，探讨了当世界文明遭到毁灭性打击之后，人类再次振兴地球文明该采取的步骤。书中提出，人类文明复兴的第一步就是采掘碳酸钙。

其中的理由之一便是，碳酸钙是食物生产不可或缺的物质。农作物的生长深受土壤酸碱度的影响，酸性过高会阻碍植物吸收重要的营养元素——磷，最终会影响人类的繁衍。而以酸性土壤区域为主的日本曾经为此饱受折磨，解决方法就是向酸性土壤喷洒石灰水进行中和。石灰还有防治农作物病虫害的功效，是农业、林业不可或缺的材料。

日本著名作家宫泽贤治（1896—1933）当年也非常重视石灰的功效，曾经为推广石灰改良土壤法而四处奔波。作为花卷农校的教师，宫泽贤治还担任过日本东北地区的石灰矿区碎石工厂的技师，不遗余力地为普及石灰的使用策划过产品战略，创作过广告宣传文案。从留下的资料中的蛛丝马迹可以看出，为了促进农业发展，

宫泽贤治

宫泽贤治作为科技人员、创业者肩负重任，走过了激情燃烧的岁月，真令现在的人遐思追忆。

铸就帝国的材料

碳酸钙最重要的用途是水泥原料。70% ~ 80%的石灰岩与20% ~ 30%的黏土、石英、氧化铁混合物混合，用球磨机彻底粉碎混合，经1 450℃高温煅烧之后，碳酸钙变为二氧化碳（CO_2）

与氧化钙（CaO），前述混合物烧结成块，再次彻底粉碎烧结块后，便得到水泥。水泥加水后静置一定时间后，钙离子与硅离子组成网状共价键结构，这就是水泥的硬化过程。为提高水泥硬化后的强度，可在加水搅拌时添加砂砾或细沙，最终获得硬度更高的混凝土。

水泥可以塑造成任何形状，凝固后如同岩石一般坚硬，是一种极为理想的建筑材料。其实，水泥这种划时代的产物大约在9 000年前的旧石器时代就已经问世，可见史前时代也不缺天才发明家。埃及金字塔上能看到水泥的身影，中国在5 000年前也开始使用水泥。但是，最擅长利用水泥的民族莫过于古罗马人。

据说，公元前753年在意大利半岛立国的古罗马人，突破重重险阻终于控制了地中海，并将古罗马文化发扬光大。无论是人种的体格还是所处的地理位置，古罗马人都不具有优势，但是他们在无数次战争中获胜，保护帝国屹立千年而不倒，真可谓世界历史中的奇迹。支撑起古罗马帝国的并非特殊之物，而是古罗马人在道路、水道、各种建筑物等社会基础设施建设方面的工程能力。

正如"条条大路通罗马"这句谚语所描述的，古罗马的交通极为发达，街道的总长约15万千米，几乎可以绕地球赤道四周。2 000年后的今天，我们依旧可以目睹古罗马时代的道路遗迹，甚至有部分古罗马道路成了今天的机动车道，其牢固程度令人咋舌。

一条标准的古罗马街道宽度至少为4米，容得下两辆马车相向而行，其两侧为3米宽的人行道。车道路基最大深度达2米，以三层碎石打底，最上面是厚重的石板并用水泥加固。古罗马人逢山开凿隧道、遇水架起桥梁，所有的路面均能通行大型投石机等军事设备。

多亏了这些发达的道路，古罗马时代的旅行者一天可以徒步行进25~30千米，而马车则可以行驶35~40千米。拥有了遍布全境的道路网，无论哪里发生战事，古罗马军团都能迅速奔赴战场。可以说，多亏了完美的道路，也多亏了坚硬的水泥，古罗马帝国依靠仅有30万人的军队就成功维系了广袤领土的国防。

当然，包括斗兽场与大浴场在内的各种建筑群落，以及各地区向首都输送洁净水源的水道，古罗马的基础设施均大量使用了水泥。假如没有水泥，古罗马很难取得如此辉煌的成就。

古罗马斗兽场

我们今天的文明依旧建立在水泥与混凝土之上。不过需要注意的是，与铁的性质正好相反，混凝土虽然具有极强的抗压性，但是伸缩性很差，很容易发生龟裂。

大约在19世纪中叶，为了弥补混凝土的不足之处，采用钢筋构筑骨架再浇铸混凝土的新技术，也就是"钢筋混凝土"技术得以问世。这种技术不仅在特性上使得钢筋与混凝土实现了互补，在碱性混凝土的包覆下钢筋也可以避免遭受腐蚀，大幅提高了建筑物的寿命。今天都市中的大楼、桥梁等大多用钢筋混凝土构筑。可以说，人类受其恩惠之处不可胜数。

海洋生物与碳酸钙

前文所述，碳酸钙可由二氧化碳转化为碳酸后与海水中的钙离子反应而得，众多的海洋生物也充分利用了这个反应机理。贝类、珊瑚类以及部分海洋浮游生物也利用这种方式获取碳酸钙，为自己打造一个坚固耐用的庇护所。对于海洋生物来说，身边拥有的取之不尽用之不竭却又坚硬结实的碳酸钙，简直就是天赐之物！

海洋生物死亡后，它们分泌的碳酸钙外壳会沉入海底累积起来。所以，当我们用高倍率电子显微镜观察粉笔灰就会发现一个令人惊叹不已的世界。粉笔灰表面上看起来平淡无奇，在高倍电子显微镜下就能看到，粉笔灰是由多个碟形物体组成的小球，具有三角形或星形等奇特结构，还包括各种各样复杂而怪异形状的小颗粒。这些都是白垩纪（约14 500万—6 600万年前）的浮游生物分泌出来的碳酸钙外壳堆积物。在地壳运动下，部分堆积物形成地层裸露于地表。"白垩"的本义就是石灰岩，多亏了1亿年前的小生物们，当今时代我们才拥有了取之不尽用之不竭、唾手可得的碳酸钙材料。

碳酸钙的产物并不都是量大价贱，有些形态的碳酸钙价格昂贵，令人爱不释手。在极其偶然的情况下，某些贝类分泌贝壳成分的器官外套膜内混入异物之后，贝类会分泌出碳酸钙物质将异物层层包裹起来，最终的产物就是珍珠。

自古以来，人类把整体为完美的球形、反射出晶莹圆润光泽的珍珠当作至宝。据说，需要打开一万只珍珠贝才能找到一颗直径5厘米以上浑圆的珍珠。为了找到完美的珍珠，采珠人不惜以身犯险潜入深海，搜寻栖息于岩石之上的珍珠贝。兼具美感和稀有性的珍珠，对于人类来说无疑是宝中之宝。

珍珠贝与珍珠

克娄巴特拉七世的珍珠

自古以来，人类将珍珠视为最贵重的宝石，不惜花费重金求购。其中最著名的轶闻发生在古埃及末代女法老克娄巴特拉七世和古罗马将军安东尼之间。安东尼宴请克娄巴特拉七世，女王面对一桌子美味珍馐随口说道："这些东西并非无上珍馐。"

盛怒之下的安东尼要求克娄巴特拉七世立即展示出她所谓的
"无上珍馐"，不料克娄巴特拉七世当着安东尼的面摘下耳饰上
的巨大珍珠，然后扔进了醋里，等到这颗价值一千万塞斯特帖
姆（古罗马铜币）的珍珠消失殆尽，克娄巴特拉七世在这群目
瞪口呆的古罗马将领面前将那杯醋一饮而尽。据说，看到这些
后，震惊不已的安东尼不由得对女法老的机智由衷赞叹，并从
此成了她的拥趸。

不过，要是不解风情的化学家听到，估计会痛斥这个传
说。因为仅凭醋的酸度无法彻底让珍珠消失，最多使珍珠失
去表面的光泽罢了。唯一的合理解释就是，克娄巴特拉七世直
接吞下了珍珠。话又说回来，克娄巴特拉七世有着将如此豪华
的珍珠咽下腹中的胆色，能将天下第一奢华珍馐演绎得如此完
美，她使身经百战的安东尼为她倾倒也是顺理成章的事情吧。
有人曾经说过"若克娄巴特拉七世的鼻子长一英寸①，或短一英
寸，或许世界就会改变"，也许真正改变历史的并非她的美貌，
而是一颗珍珠和她的机智。

哥伦布的珍珠

进入文艺复兴时期，珍珠依旧是大众眼里的高级宝石。一

---

① 1英寸=2.54厘米。

个为了获得珍珠而不惧生死的野心家
登上了历史的舞台，他就是著名的克
里斯托弗·哥伦布（1451—1506）。
为了获得航海资金，哥伦布与"金
主"西班牙国王达成了"进献90%航
海所得的珍珠、宝石、金银、香料"
的约定。在终于获得资金援助后，哥
伦布起航跨越大西洋。

克里斯托弗·哥伦布

　　不料，远航获得的金银珠宝远不如预想的那么多，哥伦
布直到第三次航海才遇到了以大量珍珠做饰物的委内瑞拉原住
民。据说喜出望外的哥伦布一共搜刮了55升的珍珠，真可以说
他在无意中闯进了一座宝山。不过，被私欲冲昏了头脑的哥伦
布并未信守向西班牙国王进献90%的财宝的诺言，仅仅献上了60
颗珍珠。后来这个情况遭人举报，使得哥伦布一度陷入了极其
尴尬的境地。

　　而对委内瑞拉原住民来说，这只不过是一场历史浩劫的序
幕罢了。西班牙人不具备深潜技能，因此经常暴力威胁当地人
下海采集珍珠，甚至还抓捕当地人运送到西班牙当奴隶卖掉，
而且价格低廉到仅值两颗小珍珠。从中可窥得当时人命何等低
贱，而珍珠何等珍贵。

　　欧洲的权贵们争相用这些来自南美洲的珍珠打扮自己，进
入16世纪后，皇亲国戚们的肖像画中处处可见珍珠的身影，最

著名的珍珠迷便是英国女王伊丽莎白一世。同一时代的王室中经常可以见到诸如玛格丽特、玛格丽塔、玛尔格雷特、玛尔格莉特等女性的名字，这些名字的词源均为"珍珠"。甚至连甜点麦淇淋也归属同一词源，因为其光泽类似于珍珠。王公贵族们为了追求奢华的服装与饰品而搜刮珍珠，不知是否有人同情过那些为了采集珍珠而命丧黄泉的苦命人。

珍珠泡沫与价格崩溃

在其后的时代中，人们对珍珠的渴求依旧旺盛。其中法国的罗芝泰尔家族在全球各地设立珍珠贸易网点，通过控制珍珠物流业务垄断了珍珠贸易，以至于被冠以"珍珠国王"的雅号。在罗芝泰尔家族的操控下，珍珠的价格飞涨，到了20世纪初居然超过了钻石的价格。

最终，源自日本的新技术——日本三重县英虞湾地区开发的珍珠养殖技术彻底动摇了罗芝泰尔家族的垄断地位。这种技术的开发先行者就是著名的御木本幸吉（1858—1954），不过他只成功开发了半球形珍珠的养殖

御木本幸吉

技术。而球形珍珠的养殖技术开发者据说是见濑辰平（1880—1924），御木本幸吉与其说是技术专家，不如说是促成人工养殖珍珠商业化的推广者。

开始于20世纪20年代的珍珠人工养殖技术彻底动摇了欧洲的珍珠市场，对于垄断珍珠暴利的巨商大贾来说这是绝对无法容忍的事情。虽然他们将人工养殖珍珠列为仿真品，并展开了抵制狂潮，但无论是外观还是成分，人工养殖珍珠与天然珍珠别无二致，即使剖开两者进行比较也无法找出任何差异之处！因此，人工养殖珍珠开始受到追捧也是意料之中的事情。很快，罗芝泰尔家族不得不向现实低头，也开始销售人工养殖珍珠了。

在此说点题外话：随着中国产的人工培育钻石质量大幅提高，导致人工培育钻石与天然钻石越来越难以分辨。对此，有新闻报道说钻石行业巨头——垄断了全球40%的钻石贸易的戴比尔斯公司甚至开设了专门分辨天然钻石与人工培育钻石的培训班。人工培育钻石的成分与分子结构和天然钻石别无二致，所以无法将人工培育钻石定义为仿真品。这样看来，历史真的在不断地重复。

第二次世界大战之后，人工养殖的珍珠开始从日本大量出口，为日本赚取了不菲的外汇。1954年7月为27亿日元，到了1960年攀升到110亿日元。这对当时在困境中苦苦挣扎的日本经济来说不啻为一剂强心剂。到了今天"钱"①这个单位已经不再是日本的通用计量单位，但是在珍珠贸易领域中，"钱"依旧是国际标准重量单位。人工养殖珍珠也为经济立国的日本打下了一块基石，相关的所有历史均收录于山田笃美的著作《珍珠的世界史》（中公新书出版社）一书中。

"海底热带雨林"的危机

正如前文所述，碳酸钙的形态多姿多彩，这在其他材料中极为罕见。它既能化身为支撑人类文明的无名英雄——水泥，也能化身成价格高昂、引发世界争抢的明星——珍珠，想必读者已经明白为何本书将其称为"千变万化的材料之星"了。

不过，碳酸钙与当前地球面临的环境危机有着千丝万缕的联系。珊瑚礁其实是由非常小的生物组成的群落共同分泌碳酸钙构筑而成的。这些体长只有数毫米的小生物组成的群落，最终产生了在太空中都可见的诸如大堡礁之类的巨型珊瑚礁，自然的力量如此伟大，实在令人叹为观止。

由于很多海洋生物将珊瑚礁选为栖身之地，所以珊瑚礁又被称为"海底热带雨林"。虽然它的总面积只占地球面积的0.1%，却栖息着全球170万种生物中的9万种。作为生物多样性

---

① 1钱≈3.75克。

的宝库，珊瑚礁是自然界不可或缺的存在。

但是，珊瑚礁正面临着灭顶之灾。受海水温度上升的影响，珊瑚的天敌棘冠海星数量疯狂增长，再加上随着大气中二氧化碳含量的上升引发海水酸化等原因，珊瑚礁遭到了严重破坏。据说，全球珊瑚礁的20%已经遭到了毁灭性打击，完好率不到30%！据预测，一旦珊瑚礁彻底消失，海洋吸收二氧化碳的能力遭到严重削弱，地球温室效应将被大幅强化。

二氧化碳与碳酸钙之间已经形成的脆弱平衡正面临着崩溃，我们也许应该停下匆忙的脚步，俯视平日里丝毫不曾留意过的大地，思考一下是什么东西维持着这个世界的正常运转。

第七章

编织帝国繁华的材料——绢（丝蛋白）

"蚕宝宝"

还记得上小学的时候，笔者曾经被老师要求背诵地图的标志。那时还是小学生的笔者曾经对一个名叫"桑畑"①的标志百思不得其解，因为我的居所附近有水田、旱田、山林等地点，却从来没见到过桑畑，而且地图上也几乎看不到桑畑的位置，为什么要为一个不存在的地点专门设计个标志呢？

其实，如果打开第二次世界大战之前的地图就会发现，桑畑这种标志随处可见。在日本的昭和时代②早期，桑畑的面积约占耕地总面积的四分之一。那个年代大约40%的日本农户以养蚕为业，必然需要种植大量的桑树生产桑叶作为蚕的食物，而桑畑被当成了神圣之地。据说，因此产生了打雷之时为防止灾厄降临高呼"桑原桑原"③这一习俗。

① 译者注：畑音同田，指的是旱田。
② 日本昭和时代为1926年12月至1989年1月。
③ 译者注：高呼"桑原"（kuwabara）是日本古代防止遭雷击的一种祈福行为，相当于中文的"老天保佑"。

在农舍之内，人们宁可自己蜗居一隅也要给蚕架腾出地方，蚕大口大口咀嚼桑叶之声响彻整个小屋。为了便于养蚕，日本古代民居的建造方式也很有特点。

日本白川乡人字形屋顶木屋

例如，日本的飞驒地区以其人字形屋顶木屋而闻名于世。这种木屋经过改良，一般为三层或四层楼高，独特的外形兼顾了抵御积雪重压的功能，也为蚕架留出了大量空间。

蚕从破卵而出到结茧化蛹需要历经30天左右。在此期间，蚕农必须小心翼翼地做好温湿度管理。出售蚕茧获利丰厚，对于蚕农来说是维系一家老小生活的重要收入。因此，在悉心呵护之时，蚕农将蚕称呼为"蚕宝宝"也算是实至名归。

蚕的生长周期大致可以划分成五个阶段，刚从蚕卵孵化而出的幼虫颜色发黑，浑身盖满稀疏的绒毛。很快，黑黢黢的幼虫都变成了白白肉肉的蠕虫。进入五龄阶段，整整一周，蚕的食量暴增，体重增加至刚出生时的一万倍。到了幼虫的最后阶段，蚕通体变成金黄而透亮的颜色，四处寻找适于结茧的位置。找到满意的位置后，蚕就会以"8"字形摆动头部吐丝结茧。一条蚕可以吐出约1 500米长的丝。

收获后的蚕茧被送入工厂进行筛选。为防止蚕蛾破茧而

蚕（左图：孵化七日的幼虫 中图：正在吐丝的五龄幼虫 右图：蚕茧）

出，质地优良的蚕茧会直接投入热水中以杀死蚕蛹。这样做还能去掉蚕丝之间夹杂的胶质，再用外形像扫帚的器具轻刮蚕茧，就可以捕捉到蚕丝的端部，再通过缫丝机卷取蚕丝，最终获得生丝。

　　经过灰浆等碱性药剂热煮之后，生丝就变成了大家所熟悉的手感顺滑、洁白无瑕的绢丝。这些步骤确实需要花费大量的人力、物力，但是其他纤维根本无法比拟绢丝所具备的光泽与手感。

绢的起源

　　对于日本人来说，丝绸并非进入日本明治时代才开始认知的新事物，早在日本的《古事记》中就留下了关于蚕的起源神话。传说天神素戋呜尊向食材之神大宜都比卖神寻求食物，于是大宜都比卖神从口、鼻、臀排出各种美味食物献给天神。不料素戈呜尊看到了食物的"制作"过程而觉得污秽不堪，一怒之下杀死了大宜都比卖神。神奇的事情发生了，大宜都比卖神死后，蚕从头部爬出，水稻从眼部长出，赤豆从鼻子长出，小米从耳朵长出，小麦从下身长出，大豆从臀部长出。

《古事记》中还记载了类似版本的神话，无论在哪个版本中，蚕都和人类重要的主食植物一起出现，而且一定是从头部爬出。从中可以窥知，在神话时代的日本，蚕的重要性与神圣性不仅能与五谷比肩，甚至还要更高一些。

中国也有类似的神话传说。传说黄帝的妻子嫘祖教会民众如何将蚕茧缫出绢丝，并织造出美丽的丝绸。浙江省的历史遗迹中曾出土了4 700年前的丝绸，足以见证那时的人们就已经掌握了极为先进的缫丝及纺织技术。也有观点认为，人类早在约一万年前就已经开始使用丝织品了。

丝绸与人的关联如此深刻，从我们日常使用汉字可见端倪。例如"绪"字，本意是指缫丝时必须抓住的蚕丝起始端；而日语"一绪"①则指的是归拢于一条线道的生丝。汉字"纪"的本意也是找出蚕丝的起始端；"纯"的意思是未掺杂其他丝的纯丝绸生丝；"素"的意思是未曾染色的白色绢丝；"练"的意思是加工天然生丝，例如通过热煮使生丝变得洁白而柔软，后来演化成"锻炼"之意。以上这些汉字均源自丝绸生产

---

① 译者注：一起、同时之意。

行业并广为流传（注意：关于这些字的起源还有其他学术观点），从中可以推测出古人的生活与丝的关系极为密切。

绢丝的奥秘

虽说到了今天，价廉而质优的合成纤维已进入千家万户，但是人们对丝绸的喜爱之情丝毫没有变化。丝绸不仅有顺滑的手感、艳丽的光泽，而且经久耐用，可染成各种颜色，可以缝制出缤纷绚丽的衣物，令人爱不释手。

绢丝的主要成分是一种名为丝蛋白的蛋白质。蛋白质是在生命体中身负重任的大分子团，是由氨基酸组成的长链分子。20世纪初叶，人类就是以蚕丝作为研究对象，才逐步探索、揭开了蛋白质的奥秘。蛋白质研究的先行者是德国化学家埃米尔·费歇尔（1852—1919），他从丝蛋白的水解物中发现了多种氨基酸。在人类的生物化学研究历程中，绢丝扮演了极其重要的角色。

| 甘氨酸 | 丝氨酸 | 甘氨酸 | 丙氨酸 | 甘氨酸 | 丙氨酸 |

丝蛋白的结构

正如前文所述，绢丝不仅极为坚韧而且经久不腐。作为蛋白质却能经久不腐，这一点确实令人费解。蛋白质本身就是一种极易腐坏的物质，以蛋白质组成的肉类为例，如果在酷暑时节，把一块肉放置在露天，几小时之内细菌就开始疯狂繁殖，肌肉组织开始出现水解现象。在细菌释放的消化酶的作用下，蛋白质开始分解成单个的氨基酸，最终被细菌消化。

但是，绢丝不仅不会像肉类那样出现快速水解现象，甚至能历经数千年岁月而不腐。其中的奥秘在于，丝蛋白中的氨基酸共价键形成多个 β -折叠结构与 β -转角结构，这种结构难以分解，具有极强的抗消化液特性。

近年最新的研究发现，绢丝内含有一种名为胰蛋白酶抑制素的蛋白质，可以捕捉胰蛋白酶使其失去功效。正是在胰蛋白酶抑制素的保护下，绢丝才具备了免受消化酶攻击的本领，换句话说，它是绢丝自备的天然防腐剂。

研究表明，蚕体内的丝蛋白呈黏液状。神奇的是，从蚕的口器喷出时，丝蛋白却变为固态形成细丝，并产生大量的 β -折叠结构，这种情况在所有蛋白质中独一无二。经过这些独特的步骤，极为坚韧的丝蛋白纤维就生成了。丝蛋白纤维再组合成一束束绢丝就会拥有令人惊异的强度，甚至超过了同等直径的钢铁。

经过蚕的口器喷出的细丝中，丝蛋白纤维周围包裹着一层名为丝胺蛋白的蛋白质，它的主要作用是黏合不同层的蚕丝，使得蚕茧保持固有的形状。卷取生丝前预先煮蚕茧可以溶解丝胺蛋白，使缫丝更容易操作。

除去丝胺蛋白以后，丝蛋白纤维内部会产生无数空隙。这些空隙既能吸收大量的水分使绢丝具有优良的吸水性，也能吸入大量的空气使得绢丝能阻隔热量而具有良好的保温性，而且这些空隙可以容纳染料分子，使绢丝具有优良的着色性。丝蛋白纤维往往组成三角形结构，具有优良的光折射性和反射性，因而具有极其华美的光泽。虽然构成丝蛋白纤维的依旧是普通的氨基酸分子，但是绢丝的构造产生了令人惊异的特性。

丝绸之路

绢丝这种极其优良的纤维令古人为其华丽的外表而倾倒。中国在西汉就已经具备了极为发达的丝织品织造技术，丝绸成了对外贸易的重要商品。因此，丝绸的织造技术一直以来被当作国家的重要机密。这些宝贵的丝绸则经由商人之手，不远万里一直流传到了古罗马帝国。

运到古罗马帝国的丝绸顿时博得了众人的欢心，价格高昂，一度与同等重量的黄金等值，逼得首位罗马皇帝屋大维不得不发布关于丝绸的禁令。到了4世纪初的戴克里先皇帝执政时期，1莫迪①大麦值100迪纳厄斯，而300克纯白丝绸值12 000迪纳厄斯！有些历史学家认为，正是丝绸难以抗拒的魅力导致古罗马帝国流失了过多的黄金，最终导致经济陷入严重衰退。

联结中国与古罗马的贸易通道就是著名的丝绸之路。通常提起丝绸之路大家往往会想起途经中亚一路向西的"沙漠绿洲"之路吧？其实，途经哈萨克斯坦等地的"草原丝路"和穿过东海与印度洋直达阿拉伯半岛的"海上丝路"也是重要的贸易通道。

这是人类历史上第一条联结欧亚大陆的贸易通道，具有极其深远的历史意义。《枪炮、病菌与钢铁》的作者贾雷德·戴蒙德（1937—　）认为，正是东西方人与物的交流日益频繁，才激发了多种科技进步与文明的飞速发展。

丝绸在一系列的贸易中起着决定性作用，因为任何一方都想拥有它，而且具有轻便、易于运输和可根据交易需要进行分割等满足货币流通的必要条件。由此看来，丝绸在东西方交流中肩负着不可或缺的使命。

在日本，丝绸也扮演了硬通货的角色。日本自大化改新之后所制定的税法中明确规定，国民的赋税项目包括向政府缴纳以丝绸为主的布类实物税。政府对寺庙、神社的布施和对建功立业者的奖赏中，丝绸、布匹也是常见之物。

---

① 古罗马容积单位，相当于现在9升。

众所周知，西欧诸国为了追求香辛料而开启了大航海时代，香辛料成了推动历史前进的力量。以此类推可知，丝绸所产生的作用绝不逊色于香辛料，也是推动历史前进的动力之一。

丝绸帝国

在日本的平安时代[①]，绢丝织就的绚丽华服深受追捧，为贵族们的生活增添了许多色彩。然而进入镰仓幕府[②]时代，历史开启了以武士阶层为主角的新篇章，朴素的服装成了社会主流，而丝绸文化由此蒙上了一层阴影。在江户时期，丝绸经常成为勤俭节约政令针对的对象，也成了普通百姓无法企及的豪华之物。

话虽如此，人们对丝绸的需求依旧无法根除。当时日本用的生丝主要从中国进口，这就导致日本铜钱大量流失，因此日本幕府政府推出了奖励蚕桑的国家政策，直至江户末期还不遗余力地推行机械缫丝。

进入明治时代后，蚕桑事业开始备受瞩目。当时，法国与意大利的蚕遭受到流行病的影响，日本产的生丝出口量大增。

---

① 平安时代（794—1192）是日本古代的一个历史时期，从桓武天皇迁都平安京（京都）开始，到源赖朝建立镰仓幕府一揽大权为止。

② 镰仓幕府（1192—1333）是日本幕府政权的开始，其建立者是源赖朝。

借此机会，明治政府于1872年决定招聘法国技师建立官办制丝厂。借此东风，著名的涩泽荣一（1840—1931）迎来了大展身手的时期。

涩泽荣一曾经在幕府末期赴法国留学，并参观过技术先进的制丝厂。当时的日本幕府无人熟悉蚕桑业，从建设制丝厂、选定出口蚕种到制定奖励蚕桑事业的政策等，均由涩泽荣一一手推动。

日本群马县的富冈地区过去曾经是日本最大的蚕茧集散地，拥有丰富的土地资源。涩泽荣一决定在此建立机械制丝厂，为日本的"殖产兴业"国策打下了基础。这也是后来著名的富冈制丝厂的前身。

后来，涩泽荣一又参与了包括日本第一国立银行（即后来

富冈制丝厂

的瑞穗银行）、东京证券交易所等500余家企业的建设工作，被后世誉为"日本资本主义之父"。涩泽荣一一生实现了无数耀眼的丰功伟绩，因此蚕桑领域的成就反而极少被人提及，但是笔者认为创办富冈制丝厂的基业应该列为他的重大贡献之一。

日本制丝厂生产的生丝大量出口至全球各地，蚕桑业成了日本的主要产业之一。1922年，生丝出口金额占日本对外出口额的48.9%。这些外汇为后来日本的工业化提供了有力支持。历经短短数十年的明治维新，日本就能与欧美列强比肩，这一切都离不开蚕这种弱小的昆虫所吐出的细丝。

蚕桑业在技术上亦实现了多方改良，例如1906年动物学家外山龟太郎提出培养一代杂交蚕为丝源的建议。最终，外山龟太郎通过将日本家蚕与外国蚕种杂交获得了新蚕种，不仅具有强于亲代的抗病性，而且大幅提高了丝产量。时至今日，农业及畜牧业利用杂交改良品种已经是常识。

后来，随着品种不断改良，家蚕的产丝量大幅提高。例如在20世纪30年代，生产1俵①生丝需要消耗184万个蚕茧；而到了20世纪50年代，仅需要19万个蚕茧即可。单只家蚕的生丝产量提高了约10倍。

但是，经过反复多次的品种改良之后，家蚕彻底丧失了野外生存的能力。例如，改良蚕种的幼虫无法凭借自身体能长时

---

① 译者注：日本包装单位，芦苇或稻草编织的麻袋。

间附着于树干上，成虫丧失了飞翔能力。现代的最新蚕种能将所摄取的蛋白质中60%～70%转化为蚕丝，完全蜕变成了超高效的吐丝机器。在人类驯养的多个物种中，蚕是唯一彻底丧失了野外生存能力的物种。

随着制丝产业规模越来越大，各种各样的弊端也逐一显现。虽然富冈制丝厂具有极为良好的工作环境，但是正如《女工哀史》和《啊，野麦岭》两本书所刻画的那样，各地工厂里的无数女工身处极其恶劣的工作环境，许多人因罹患肺结核而失去了生命。根据当时的新闻报道所述，每千名女工的死亡数高达13人，但事实上许多肺结核患者生前就被送回了家乡，许多死者并未被列入统计之内。这也导致了肺结核在日本各地肆虐，一时间成了日本国民的常见病症。这一切都是日本工业近代化所付出的代价，教训不可谓不惨痛！

后来，化学家们开发出了多种蚕丝的替代品——尼龙与涤纶等性能优异的合成纤维。虽然合成纤维的手感不如丝绸，但是具备了价格低廉、保温性良好、易于染色等特性，轻易地夺走了丝绸固守上千年的市场地位。事实证明，用新产品取代了多年来与人类共生共存的丝绸之后，人类也因此从制丝相关的繁重劳动中解放了出来。

新型蚕丝的时代

2014年，明治时代起一直支撑日本经济的富冈制丝厂被认定为世界遗产，从此历史跨入了新的篇章。前文所述的"桑畑"标志也被废除，从此不再出现于课本之中。丝绸的身影在人类的日常生活中出现的频率也越来越低，甚至有些年轻人从未接触过丝绸制品。

已被废除的"桑畑"标志

不过，在新的领域，丝蛋白与现代技术的融合正日益深化，最具代表性的例子就是被称为新型蚕丝的尖端纤维。

蜘蛛与蚕一样，都会吐丝。蜘蛛丝的强度是防弹衣使用的凯夫拉纤维强度的三倍以上，而且具有极高的伸缩性。

与蚕丝不同的是，人类一直无法有效利用蜘蛛丝。蜘蛛与蚕的最大不同点在于，一只蜘蛛的产丝量很低，而且蜘蛛有着同类相食的特性，因此无法进行大批量繁殖。

对此，人们最新的研究方向转为采用转基因技术，使蚕吐出蜘蛛丝。这种丝被称为新型蚕丝，它具有极强的韧性，而且质量很轻，不会引发人体过敏反应，有望广泛应用于从军事到医疗等多个领域。

2016年，中国清华大学的一个研究团队将含有0.2%的被称为梦幻材料的碳纳米管和石墨烯的水溶液喷洒在桑叶上，然后把桑叶投喂给家蚕食用。用食用特殊桑叶的蚕结出的蚕茧制成的丝居然具有极高的强度，再经过高温处理之后，绢丝居然具有了导电性。试验的结果真令人难以置信，也正是这样对传统材料的探索尝试，将开启一个新时代的希望变为现实。

丝绸以其无穷的魅力推动历史前行，在今天也依然展现着迷人的光彩。与人类同行数千年的丝绸，在百年、千年之后又会以怎样的面孔示人呢？畅想未来，万般意趣令人不能自已。

第八章

缩小世界的物质——橡胶

重于生命的感动

在《福布斯》杂志于2017年发布的运动员收入排名中，当年全球收入最高的是葡萄牙足球运动员克里斯蒂亚诺·罗纳尔多，据说当年收入高达9 300万美元（年薪与广告费的合计总额）；紧随其后的是美国篮球运动员勒布朗·詹姆斯，收入为8 620万美元；位列季军和殿军的是收入为8 000万美元的阿根廷足球运动员里奥·梅西和收入为6 000万美元的瑞士网球运动员罗杰·费德勒。虽然日本的运动员也在世界大赛上斩获颇丰，但与超级明星的收入相比，差距非常大。

克里斯蒂亚诺·罗纳尔多（左）
与里奥·梅西（右）

由于工作上的关系，笔者有机会认识不少优秀的科研人员，其中包括研发具有划时代意义的药品与新时代能源——太阳能电池技术等尖端科技的科研人员。可令人遗憾的是，这些人的经济收入远远不及前文提到的体育明星。细想一下真觉得无法理解，那些运动员所获得的巨大财富与名气，居然远超那些拯救生命和令世界更加美好的人。莫非人类这种生物，在自己的生命与瞬时的激情之间，宁可为后者投入大量的金钱吗？

笔者也喜欢观看体育竞技比赛，并非想在此批判体育明星们的巨额收入。笔者认为他们通过自身的努力突破种种难关，为人们带来克服困难的勇气，应当获得相应的认可。唯一让笔者感到困惑的是，那些为人类做出巨大贡献的研究人员，是不是也应该收获和这些体育明星同等的回报。

催生球类运动的时代

前文所述的运动员收入排名前100的人中，球类运动员多达90人，在排行榜上占据压倒性优势。幼儿园里的孩子大都非常喜爱球类游戏，可以花费数小时追逐一个球。也许，对一个球做出追逐、脚踢、投掷、击打之类的动作，原因不外乎是球刺激了我们体内隐藏的祖先的狩猎本能。要是地球上没了球类运动，估计人类会觉得非常无聊。

调查这些深受全人类热爱的现代球类运动的起源，我们可以发现它们基本上是在19世纪下半叶诞生的。当然，或许在更久远的年代就已经有了这些竞技运动的雏形，但是有明确比赛规则、多人配合的球类竞技运动大多起始于19世纪下半叶。

以足球为例，世界各国在古代均有类似的以脚踢球的运动，蹴鞠也是其中之一。现代足球则诞生于1863年10月26日的伦敦。在此之前，英式橄榄球已经在学校及爱好者团体内部广

为流行，但是每支球队都有自己各式各样的比赛规则，难以举行大型对抗性比赛。有一天，许多球队的代表齐聚一家酒吧，对能否以手持球这一规则进行了协商，结果这一天成了现代足球与橄榄球分道扬镳的日子。前者的拥护者结成了足球协会。这成为后来风靡全球、规模最大的比赛运动的源头。

描绘1872年英格兰足球队与苏格兰足球队比赛的漫画

高尔夫球的原型竞技性游戏也早在15世纪就已经诞生了。1860年，在英国举行了高尔夫球公开赛，1880年才在全球引发追捧热潮。

网球等以球拍击球的前身游戏也早已存在，而现代网球的奠基人——英国军队少校华尔特·科洛普顿·温菲尔德于1873年确立了它的雏形。直到1877年，第一届温布尔登网球锦标赛才正式举办。

据说第一届棒球比赛是在1846年举办的，当时严格要求投

手必须采用下手投球的姿势，而且必须依照规定投出击球者容易击打的球路，完全不给予投手自由选择球路的权限，整个比赛进程与现代棒球差距甚远。经过多次修改比赛规则，逐步出现了现代棒球的雏形。1876年，第一届大满贯棒球赛才得以举办。

为什么球类竞技运动会在那个时代集中出现呢？随着工业化社会的发展，中产阶级得到空前壮大固然是原因之一，但是更重要的原因是优质橡胶步入了普通民众的生活。

还有个原因是，以橡胶为内胆的充气球类具有其他材料无可比拟的弹性，而且这种结实、均质的内胆能大量制造。追逐、踢打弹性极高的橡胶球类，给人类带来难以抗拒的愉悦感，使得很多人为此痴迷不已。

不仅是足球，类似的情形也出现在其他球类运动中。早期的高尔夫球为木质材料，到了19世纪中叶出现了以"杜仲胶"树脂为材料的硬式高尔夫球。随着时代的发展，高尔夫球逐渐演变成以杜仲胶为芯材，缠绕橡胶绳之后表面包覆杜仲胶为涂层的橡胶壳体，真可以说是集橡胶技术之大成。

而且，正是重量均匀并能进行大量生产的球类才催生了现代社会中的大型球类比赛，促进了球类竞技运动的普及与发展。1896年开始的现代奥林匹克运动会也正是在这股洪流的推动之下应运而生的。

不过，早在15世纪左右橡胶就已经踏上了欧洲大地，为什么直到400年之后球类竞技运动才开花结果呢？其实，在这漫长的400年中，橡胶并非像我们现在所看到的样子，而是一种"脾气古怪"的材料。经过多次技术突破后，橡胶才变成我们所熟知的样子。

分泌橡胶的植物

天然橡胶的小分子团分散于水中形成乳状汁液，即乳胶。乳胶遇到空气则出现硬化现象。不少植物能分泌乳胶，大家常见的蒲公英就是其中的一种。墨西哥有种名叫人心果树的植物，当地人习惯咀嚼从它的汁液中提取出的糖胶树胶打发时间，据说这就是口香糖的起源。

采集乳胶

但是，最理想的乳胶供给源就是大名鼎鼎的橡胶树。它不仅产量高，能够生产出弹性最好的橡胶，而且收集方法极为简单，只要划破橡胶树的表皮，汁液就会自然滴落，然后将汁液集中干燥就可以获得生橡胶。古代墨西哥原住民就已经将收集到的生橡胶加工成球，并举行娱乐性比赛。当时比赛的专用球场还保留至今。

这个游戏经过多方演化，到了今天成了名叫"玛雅球赛"

的游戏，并依旧流行于世。玩法是双方队员在臀部挂上防护罩去击打塞满生橡胶的重球，使其穿过离地7米高的环即可获胜。虽然这个游戏看上去充满滑稽色彩，但是据说当部族间剑拔弩张时，可以用这样的比赛替代战争来一决胜负。从某种意义上来说，橡胶球是以前维系当地社会和平不可或缺之物。

橡胶弹性的秘密

橡胶的最大特点就是具有其他材料所无法比拟的优异弹性，这种特性的奥秘在于橡胶的分子结构。

异戊二烯的分子结构

橡胶分子主要由碳、氢原子构成，分子比率大约为5:8，发现这一点的是在后文中会出现的迈克尔·法拉第（1791—1867）。今天人们已经知道橡胶是由异戊二烯（分子式为C_5H_8）组成的长链。

聚异戊二烯的分子结构

异戊二烯分子团是重要的有机物单位，自然界有很多由异戊二烯组成的有机化合物。例如，柑橘类芳香成分中的柠檬烯含1个异戊二烯，薄荷类芳香成分中的薄荷醇含2个异戊二烯，玫瑰花类芳香成分含3个异戊二烯，许多水果、蔬菜中含有的胡萝卜素含8个异戊二烯，橡胶分子则是由众多异戊二烯分子组成的分子链。虽然从表面上看，柑橘类芳香成分与橡胶没有关联性，但是在分子世界中，两者可以说是极其相似的同族物质。

有一个实验能证明以上观点：对着充满气体的气球喷洒橘子皮汁液，过了不久气球就会爆炸。其原理在于分子结构相近的物质易于发生溶解现象，含有柠檬烯的橘子皮汁液溶解了橡胶分子导致气球的薄壁劣化，使得气球爆炸。

橡胶分子中的异戊二烯分子以碳碳双键形式相结合，碳碳双键与其他种类的分子键不同。以其他种类分子键结合的分子无法转动，分子键的自由度也受到制约。由于橡胶分子之间的碳碳双键极为规整，使橡胶分子整体处于收缩状态。当橡胶分子受到外部拉力时则伸展开来，撤掉外力则恢复成原先的收缩状态，这就是橡胶具有弹性的奥秘。换个思路考虑，可以简单理解为橡胶分子的结构类似纳米级的弹簧。

橡胶远渡重洋

将橡胶这种材料引入欧洲的人正是著名的克里斯托弗·哥伦布。在第二次航行去美洲期间（1493—1496），哥伦布率领的船队抵达海地岛时，他们看到当地人用橡胶球展示球技。这也是欧洲人首次与橡胶相遇。

在此后的几次航海中，哥伦布多次携带橡胶返回欧洲，但只是把它当成来自新大陆的稀奇玩意儿，并未发现橡胶的实际用途。在那个时代，橡胶在冬天坚硬如铁，在夏天则融化成黏糊糊的物体。因此，橡胶一度还成了烫手山芋的代名词。

最终发现橡胶用途的是英国科学家约瑟夫·普里斯特利（1733—1804）。在此之前，修正铅笔笔误只能依靠湿润的面包，而普里斯特利发现用橡胶块擦除铅笔笔迹的效果更佳。他将"橡胶"的英语命名为"rubber"，引申自"擦除"（rub out）。

普里斯特利是著名的英国学者，他在政治、哲学、神学、物理学等多个领域做出了重大贡献。作为化学家，他因为发现了氧气、氨气、苏打水等物质而名噪一时，以至于美国化学会用他的名字命名了顶级化学奖项——普里斯特利奖。连橡皮擦的发明也与普里斯特利有关，他的研究涉猎广泛，真令人咋舌。从另一个角度来看，即使是他这样学识丰富的科学家也只找到橡胶作为橡皮擦这种最初级的用途，说明开拓橡胶的广泛用途还需要一个重要的技术突破才能得以实现。

硫化橡胶的诞生

到了1823年，利用橡胶不漏水不透气的特性，英国化学家查尔斯·麦金托什（1766—1843）开发出了橡胶的新用途——利用橡胶涂层法制作雨衣。由此，"麦金托什"或"马克"就成了英国人称呼雨衣的代名词。披头士的名曲《便士巷》也描写了一名在下暴雨的日

查尔斯·麦金托什

子不穿雨衣招来孩子们嘲笑的银行家。到了今天，麦金托什雨衣制造公司依旧以其坚守传统工艺的做法而深受世人的好评。

在那个时候，虽然橡胶产品已随处可见，但它的缺点——冬天坚硬如铁，夏天黏糊糊并发出恶臭——依旧未能得到有效改善。解决橡胶这一缺点的人是美国发明家查尔斯·固特异（1800—1860），他意识到橡胶的缺陷是水分造成的，认为加入干燥的粉末物质也许能改善这一问题。

查尔斯·固特异

为了做试验，固特异前后尝试过向生橡胶添加锰、石灰等各种粉末物质，但是依旧未能解决橡胶产品受热融化的问题。

到了后来，他的投资人提出撤资，致使固特异陷入了绝境。多年的连续试验也严重影响了固特异的健康，可他依旧不肯放弃这一目标，甚至因为负债累累而多次被关进监狱。极度的贫困相继夺走了他的孩子，但他依旧按计划进行试验，这份执着简直令人无法想象。

面对固特异超人的忍耐与坚持，命运女神终于对他展颜微笑。到了试验的第五年，也就是1839年，固特异终于开发出使橡胶具备优异耐热性的生橡胶添加硫黄后加热的工艺。在最短时间内获取专利之后，固特异于1842年开办了橡胶加工工厂。

当笔者阅读这段历史时，对固特异公司能够成长为轮胎行业全球首屈一指的公司感到心悦诚服。可是，如果大家认为查理斯·固特异长年的辛苦从此得到回报而成为大富翁，走上人生的巅峰，那就太单纯了。在现实中，成功发明了具有划时代意义的橡胶硫化技术之后，作为企业家的固特异一败涂地。现在的固特异公司是在橡胶硫化技术被发明半个世纪之后才成立的，取这个名字是为了纪念固特异，与固特异本人并无丝毫的资本关联。

橡胶硫化的专利遭遇各种侵权事件，以至于固特异不得不在各地提起诉讼。更糟糕的是，橡胶硫化技术的专利在英国境内遭人抢注了。为了在英国销售产品，固特异在公开专利前就将样品送达英国。不料，接收样品的英国公司对样品进行了细致的分析，发现样品表面附着了极少量的硫黄成分，于是就立刻在英国境内抢注了橡胶硫化技术的专利，并得到了英国专利局的批准。最终，固特异背负着巨额债务，来不及看见自己的发明对世界产生了多么巨大的影响，就在1860年黯然离世。也许，以他的名字命名的

固特异公司生产的轮胎

轮胎在全球各地飞速旋转对他来说也算是些许的安慰吧。

联结分子的桥梁

添加硫黄后加热生橡胶，这种简单的操作即可使原本对温度极为敏感的橡胶变成极其稳定的物质，其中的奥妙在于橡胶分子间产生交联反应。

前文提到橡胶分子为一条长链，内部各处存在双重碳键，而硫黄分子则是少数能与碳碳双键起化学反应的物质之一。在加热条件下，硫黄分子在不同橡胶分子之间形成类似桥梁的构造，从而使橡胶分子互相连接。

源自植物的橡胶分子之间原本的连接键力量极弱，随着温度的上升，分子热运动速度变快，橡胶出现融化现象。硫黄分子可以使橡胶分子连接，形成耐热性良好的分子结构，这也是橡胶硫化技术的化学原理。

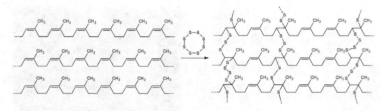

交联反应示意图

在交联反应的作用下，各橡胶分子结合成一个整体，强度、弹性、耐磨性、耐腐蚀性均有大幅提高。加大硫黄的投入比例就可以让更多的橡胶分子交联，从而得到更坚硬的橡胶。

在橡胶硫化技术的飞跃性改良之下，橡胶的用途也飞速扩展。1866年，法国开发的夏塞波步枪也利用改良橡胶做的密封环提高子弹击发时的气密性，这种新型步枪的射程是旧式步枪的两倍以上，在后来的普法战争（1870—1871）中发挥了重要作用。

硫化橡胶诞生伊始就成了推动历史前行的动力，借助橡胶的诞生而突破了速率制约阶段的领域不仅限于球类竞技运动和步枪。

橡胶引发的交通革命

车轮被认为是人类历史上的伟大发明之一，因为很多发明是受到自然界固有事物的启发，但车轮完全来自人类的主观意识。放眼整个自然界，虽然栖息着为数众多的动物，但是没有任何一种动物以转动的方式行走。有些细菌用鞭毛或者细长的尾部移动，但是其结构更接近于螺旋桨。

以车轮代步的效率要远远高于步行，凡是骑过自行车的读者肯定深有体会。可是，为什么自然界的生物没能进化出车轮呢？日本生物学家本川达雄（1948—　　）在《大象的时间，老鼠的时间》一书中指出：车轮需要平坦而坚硬的路面才能发挥作用。确实，车轮难以应对起伏过大的路面。高度超过轮径四分之一的台阶就会成为车轮无法逾越的障碍。遇到泥泞或者松软的沙地时，车轮也将进退两难。

从整体上看，在自然界中找不到允许车轮发挥优势的地方。如果没有经过铺装的道路，车轮不过是无用之物。19世纪时，沥青道路尚未问世，世界各地只有沙石道路。木质车轮或者坚硬的橡胶车轮每次遇到微小的凹凸就会产生震动。如果震动幅度过大，就会给货物甚至车体造成损伤，因此车辆的行进速度难以提高。

解决这一难题的人是英国兽医约翰·博伊德·邓禄普（1840—1921）。当时，他10岁的儿子希望"使三轮车跑得更快、更稳"。邓禄普灵机一动，想到了用充气轮胎吸收地面的凹凸不平之处带来的冲击的点子。于是，他就尝试着用充气橡

约翰·博伊德·邓禄普

胶管包裹三轮车木轮的外缘部分，没想到效果非常理想。

由于改良后的效果深受好评，邓禄普立即申请了充气轮胎的专利，并于1889年在都柏林开设生产工厂。充气轮胎能够缓冲外力，彻底消除小凹凸、小石子带来的震动，顿时受到市场的热捧。在不到10年的时间里，充气轮胎就彻底替代了以前占据市场霸主地位的实心橡胶轮胎。在其后的岁月中，邓禄普公司历经曲折，业务范围不断扩大。

说句公道话，邓禄普并非最早发明充气轮胎的人，早在1845年，英国人罗伯特·威廉·汤姆森（1822—1873）就已经开发出了充气轮胎。可惜那个时代汽车尚未发明，连自行车也只不过是刚刚问世，这个新发明丝毫没有用武之地。无论多么伟大的发明，如果生不逢时只能令人扼腕叹息。

1908年，美国的福特T型汽车面市，在短短19年里就销售了1 500万辆，成为当时的热销产品，也为世界开启了汽车时代的新纪元。而橡胶成功量产正是汽车时代的奠基石，美国借此完善了社会基础设施，物流行业顿时进入了飞速发展的时代，并以此催生了众多产业。美国这个地域辽阔的国家，通过这次交通革命将全国各地更紧密地连接在一起，为美国经济腾飞奠定了基础。即使在今天，物流运输也需要借助橡胶轮胎的力量。橡胶轮胎为汽车产业提供了坚实的支持，其重要性毋庸置疑。

自从橡胶硫化技术问世以来，在短短100多年的时间里，整个世界的面貌发生了天翻地覆的变化。对于橡胶诞生前的人们来说，恐怕连做梦都想象不到这样的世界。我们可以设想一下，假如橡胶树原产于欧亚大陆，那么整个世界又会是什么样呢？

1910年版T型福特汽车

例如，在中国古代，有一群道士，为了配制出长生不老的灵药，他们用各种各样的物质炼丹。距今1 000多年前，以硫黄为成分的黑火药就是他们发明的。假如他们能获得橡胶的话，橡胶硫化技术很有可能提前1 000多年问世。

这种优异材料的问世会有什么结果呢？例如前文曾经介绍过的利用胶原蛋白制作的弓，橡胶一定可以催生出多种远超弓威力的远程攻击武器。假设将橡胶硫化技术传授给古罗马人，他们优异的社会基础建设能力配上橡胶轮胎，也许会占据更广阔的地域。无论是军队指挥官的作战方法，还是城市的建筑方法，都会与今天的遗迹展示的截然不同。望着手中一根小小的橡皮筋，偶尔让自己的想象力放飞一下也是挺不错的。

第九章

加速技术创新的材料——磁铁

磁铁的本质

　　小时候使用磁铁吸引铁制品对于不少读者来说还应该记忆犹新。磁铁是小学科学课会用到的教具，冰箱门上也常常留下它的身影。可以说，磁铁是生活中随处可见的物件。

　　由于磁铁过于常见，以至于人们会忽视它的特殊性。细想一下就会发现，像磁铁这样的特殊材料确实不一般。除了磁铁，世界上没有哪种材料能在不外加能量的情况下，突破距离与障碍物的限制吸引其他物体。假如磁

被磁铁吸引的铁屑

铁的蕴藏量和稀土一样少的话，相信世界各国以及跨国公司都会为它一掷千金。磁铁这种特殊材料确实具有令人无法忽视的用途。

　　幸运的是，磁铁在地球上非常常见，也可以以比较低的

成本大量生产，与磁铁相关的创新也是一浪高过一浪。到了今天，人类社会已经无法离开磁铁，相信一般人很难想象出磁铁正在哪些领域发挥其神奇的作用。

自古以来，人类一直想弄清楚磁铁吸引铁制品的奥妙所在。不过，揭示其中的原理是个不小的难题。直到进入20世纪，磁铁的秘密才逐渐露出真容，可惜人类依旧难以直观地理解其中的机理。

简而言之，磁场的吸引力源自电子"自旋"现象。读到这里肯定有人会感到疑惑：这就是说电子像个陀螺一样转个不停吗？这要怪身为物理"学渣"的笔者为方便大家理解，只能尽量以接近日常生活的方式进行说明，因此特意使用了"自旋"这种说法。

电子"自旋"的方式分为向上和向下两种方式（事实上，电子的运动方式更为复杂，并非单纯只有两种，为了便于理解才用此说法），在一般物质中两种"自旋"方式的电子数量相同，所产生的影响力会互相抵消，因而大部分物质没有磁性。然而，铁原子拥有独特的电子组合，使电子"自旋"所产生的磁性保留了下来。除了铁以外，钴和镍也属于能够在室温条件下保留磁性的金属。在2018年，科学家发现处于特殊结晶状态下的钌在室温下也拥有极强的磁性。

但是普通的铁块并没有磁性，这是因为普通铁块中的原子排列杂乱无章，磁性相互抵消了。当磁铁靠近（施加磁场）

时，铁原子排列的方向会趋于统一，也开始具有磁性。简而言之，铁、钴、镍等特殊金属的原子排列有序时就会具有磁性。

发现"慈石"

人类从什么时候开始拥有了与磁铁相关的知识，现在已经无从考证了。一些传说认为，游牧民族附带铁制物品的鞋子或手杖有时会吸附黑色的石头，这就是人类发现磁铁的起源。在自然界中，世界各地均发现过名为"磁铁矿"的铁矿石，由于磁铁矿本身具有磁性，所以世界各地的民族都应该意识到了磁铁的存在。

磁铁的英文名称为"magnet"，关于它的词源有多种说法，古希腊的马格尼西亚地区出产磁铁的说法最受认可。哲学家泰勒斯（约前624—前546）也在著作中提及磁铁，从中可知早在古希腊时代人类就已经注意到了磁铁的存在。

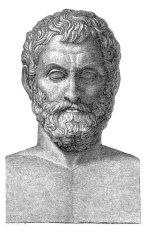

泰勒斯

还有众多古希腊哲学家曾经思考过，当磁铁吸引铁块的时候，是否为铁块吸引磁铁，并对磁性的本质提出过多种假设。例如，提出原子论的著名哲学家德谟克利特（前

460—前370）认为，物以类聚人以群分，铁与磁铁性质相同才
会互相吸引。

中国先秦时期有人将磁铁吸引铁块比喻为慈母恋子，因此
称磁铁为"慈石"。现在河北省邯郸市下辖的磁县在古代曾被
命名为慈州，因为该地出产磁铁。从中可知，在世界的任何地
方，人们自古以来就对磁铁产生了浓厚的兴趣。

一直以来，世界各地的人们为磁铁的神奇力量所倾倒。
各文明都曾流传许多关于磁铁的奇特功效的说法。古代欧洲
的人们相信在枕头下偷偷放置一块磁铁，背叛丈夫的妻子就会
被直接弹下床，还有人认为白色的磁铁是激发爱慕之情的特效
药等。

指南车与罗盘仪

中国人最早发现了磁铁的实用价值，用磁铁指明南北方
位，指南针也应运而生。

中国的《礼记》中有 "天子南向而立"的记载。中国古代
的指南车上装载了一个假人，凭借内部的机械结构一直指向最
初设定的方向，并不具备磁铁自行指出南北的功能。

大约成书于1世纪的中国古代文献《论衡》中出现"司
南"。据推测，司南是将天然磁铁琢成勺状，勺柄可以指向南
方。后来，古代中国发明了指南鱼，其制作方法是将指方位的

磁针置入木制鱼中，当鱼浮在水面时就会指向南方。指南针与造纸术、印刷术、火药合称中国古代的四大发明。

东方世界的大航海时代

郑和率领的船队

到了明代，指南针的作用越来越大。明朝的永乐大帝任命宦官郑和（1371—1433）为使团正使，派遣船队访问西洋诸国。郑和率领的船队包括大型宝船60多艘，最大的长148米，排水量约8 000吨。将近一个世纪之后，当瓦斯特·达·伽马横渡印度洋时，舰队旗舰的排水量仅为120吨。由此可见，郑和船队的宝船规模之大。

郑和前后七次率领船队下西洋，最远到达了今天的肯尼亚一带，发现了无数奇珍异宝。毋庸多言，在远离陆地的茫茫大海之中，在云天一色的苍穹之下，没有磁罗盘等航海仪器根本无法掌握自己的位置，也就无法完成远渡重洋的壮举。

不过，在郑和去世之后，东方世界的大航海时代戛然而止。郑和肩负的贸易与普通的商业贸易不同，诸国向明朝奉献的贡品必然能换取价值远超贡品的赏赐，这也就是所谓的"朝贡贸易"。长此以往，明朝政府的财政不堪重负。这成了终结派遣宝船出航的最大原因。假如双方的贸易能做到互惠互利，东方的航海技术将会走向何方，明朝的政治经济将走向何方，以及对几十年后西方的大航海时代会产生何种影响，这些都是值得深思的历史假设。

困扰哥伦布的"磁偏角"

罗盘仪对欧洲大航海时代产生了多大的贡献，本书在此不做详述。英国哲学家弗朗西斯·培根（1561—1626）在其著作《新工具》中，将罗盘仪列为文艺复兴的三大发明之一，并留下以下观点：

弗朗西斯·培根

这些发明，即印刷术、火药及磁罗盘，如此重要，因为这三大发明在世界范围内引发了事物的全部面貌与情况的变革。第一种发明是在学术方面产生影响，第二种发明是在战事方面产生影响，第三种发明是在航海方面产生影响，并由此引起不可胜数的变化，竟至任何教派、任何帝国、任何星辰对人类事物的影响均无法企及这三大发明。

虽然磁罗盘让远途航海成为可能，但其隐藏的问题也开始露出端倪。这在现代社会是个自然常识——因为存在磁偏角，磁针无法指向正北方。世界各地的磁偏角不尽相同，例如今天日本东京地区的磁偏角为西偏7度左右。而中国早在北宋时期，政治家兼学者沈括（1031—1095）就已经在其著作《梦溪笔谈》中从理论上阐述了磁偏角现象，并提出人类可以在磁罗盘的指引下乘风破浪到达大洋的彼岸。

著名的克里斯托弗·哥伦布曾饱受磁偏角的困扰。在向美洲大陆进发的第10天，哥伦布就发现磁罗盘指针的指向开始由北偏向西。随着航船不断前行，经过漫长的航海之后磁偏角越来越大，再加上周围的铁制品以及航船的震动，最终导致磁偏角难以校正。

现在的科学家发现，在不同的历史时期，磁偏角的数值也不一样。例如日本京都的二条城南北轴为东偏3度左右，这正是当初筑城时（1603）的磁偏角。

日本的伊能敬忠（1745—1818）因为前后耗费17年时间对日本全境进行测绘而闻名。他所绘制的日本地图极为精准。但事实上，这是因为那个时代日本地区的磁偏角接近0，是测绘的黄金时期，因而误差极小。除了伊能敬忠一丝不苟的行事风格之外，在测绘的黄金时代开展工作也是他成功的基础。

不朽的名著——《磁石论》

为什么会存在磁偏角现象，而且在不同时代会发生变化呢？为什么磁铁会指向南北呢？终于一名勇士开始挑战这些关于磁铁的谜团，他就是16世纪末的英国皇室御医威廉·吉尔伯特（1544—1603）。

作为侍奉英国国王的著名医生，吉尔伯特一边陪侍英国国王，一边花费近20年研究磁铁，取得了不菲的成果并完成了著作《磁石论》（1600年出版）。他在书中揭示了磁力弱的磁铁接触磁力强的磁铁后会被强化；虽然磁力能穿透障碍物，但是磁力的影响范围有限；证明了围绕磁铁的诸多传言均为迷信之说。

威廉·吉尔伯特

虽然这些理论放在今天只是一般性的常识，但是吉尔伯特在没有明确理论的情况下，仅凭既有经验推导出结论，然后根据实验摸索出了切实可信的证据。吉尔伯特的这种先提出假说再进行实验验证的方法，开现代科学的研究工作之先河，这也是他对自然科学最大的贡献。

《磁石论》的最大成就是证明了地球本身就是块巨大的磁铁，吉尔伯特彻底否定了当时世人所迷信的"磁铁指向南北是北极星赋予的吸引力"这一说法。

科学理论认为：地球自带磁场的原因在于，原本以铁为主要成分的地核处于熔融状态，在地球自转的影响下形成了热对流而产生了电流。在电流的影响下，地球获得了磁场。而在不同时代地球磁场的两极出现移位的原因在于，地核内部的液态铁处于不稳定状态，经常发生偏移、振动现象。也就是说，我们脚下的地球并非坚硬的岩石，而是一直处于运动状态的。吉尔伯特对磁铁的研究成为人类构筑新型地球观的基础。

生命的保卫者——地球磁场

地球磁场的活跃程度远超人类的想象，在地球的历史上甚至发生过数百次南北磁极对调的现象。研究认为，最近一次磁极对调发生在77万年前，并在日本千叶县市原市的地层中留下了明确的证据，因此有科学家提出将77万年前到12.6万年前的地球史年代命名为"千叶期"。

科学证明，地球磁场是生命的守护神。地球被太阳风与宇宙射线这些等离子风暴不断吹

阿拉斯加的极光

袭，而在地球磁场的作用下，这些致命射线发生路径偏移或者直接被反射。在等离子射线与地球磁场相互接触的时候，就会在南北磁极与大气分子激烈碰撞而放射出绚丽的光芒，这就是著名的极光。

科学家认为，如果失去地球磁场的保护，地球上的一切将暴露于等离子风暴之下，这会对生命活动造成毁灭性的打击。部分学者认为，包括恐龙灭绝在内，远古时代发生的多次生物大灭绝就是因为地球磁场变弱引发的。

不过，磁极对调灭绝说也备受质疑，因为发生生物大灭绝的时代与地球磁极对调的时代并不十分吻合。例如，人类的祖先就平安度过了77万年前的那次磁极对调，所以可以推测磁极对调也许会对生命活动产生一定的影响，但不至于引发生物大灭绝之类的惨剧。

不过也有人指出，今天人类极度依赖GPS及各种通信设施，一旦发生磁极对调可能会带来深刻的影响。同时，我们还要注意磁极对调可能导致臭氧层被破坏，从而使照射地表的紫外线辐射量剧增。人类至今还没弄清楚磁极变化产生的影响。

今天的人们已经发现，从1840年开始，地球磁场每100年减弱5%左右，有人认为这是磁极对调的征兆。在历史上，磁极平均每20万年会发生一次对调，而最近那次发生在77万年前，也就是说磁极对调离我们并不遥远，是随时都有可能发生的事情。因此，我们应当随时对地球磁场变化保持警觉。

近代电磁学的诞生

众所周知，吉尔伯特也是英语单词"电流"（electricity）的发明者。这个词的词源来自希腊语单词"琥珀"，这是因为琥珀受到摩擦时会产生吸附小物体的静电。

电场与磁场均具有隔空吸引物体的能力，这使后来的科学家们对其中的奥妙痴迷不已。最终，电场与磁场的研究各自形成了物理学中的两个巨大的知识领域。

直到19世纪，英国出现了两位天才科学家，才将这两大领域统合为一：一位是迈克尔·法拉第（1791—1867），另一位是詹姆斯·克拉克·麦克斯韦（1831—1879）。简而言之，法拉第以实验为基础揭示了电场与磁场的关系，而麦克斯韦则从理论研究方面着手，总结出了相关的数学公式。

迈克尔·法拉第

詹姆斯·克拉克·麦克斯韦

　　自此，人类掌握了将电、磁相互转化的技术，电磁铁将电
转化为磁，发电机则将磁转化为电。法拉第不仅发明了最原始
的发电机，还成功地将电能转化为机械能，真不愧是一位博学
多才之士。从化学领域到物理领域，法拉第均取得了非凡的成
果。他不仅改良了玻璃生产工艺，发明了众多实验器皿，还是
一流的演说家。用今天的话说，法拉第是技术高超的科学界布
道大师。

　　有个极具代表性的轶事可以证明法拉第的机智过人之
处——他与当时的英国财政大臣威廉·格莱斯顿的一场著名对
话。当法拉第展示电磁感应实验时，格莱斯顿带着质问的语气
说："利用磁场获得瞬间的电流，这到底有什么实际意义呢？"
对此，法拉第巧妙地答道："哦，阁下，也许过不了20年，你就
会对它收税了。"

　　这个充满智慧的幽默对话到了今天依旧广为大家引用，
往往会出现在"眼下貌似无用的科学研究在未来能给世界带来
巨大价值，因而不要随便加以否定"之类的文章里。不过，就
当时可信性极高的文献记载推测，这段对话也许是后人的附会
之作。

　　暂且不管是否发生过那段对话，诚如法拉第所言，电磁场
理论的发展远超法拉第的预言。可以说，现代社会的一切电器
均立足于法拉第与麦克斯韦的研究成果之上。

　　例如电动机的原理为线圈通过电流变成了电磁铁，在吸引

力与排斥力的作用下永磁铁开始旋转。而发电机的构造与此相反，通过外部施加动力旋转线圈，在电磁感应的作用下产生了电流。

人们一旦掌握了电动机、发电机组合原理之后，相关的应用性新发明层出不穷。例如，仔细观察一辆汽车就可以发现，雨刷和电动车窗、电动后视镜、中控锁、空调压缩机、散热器等各处均使用了电动机，所有的电动机内搭载着适合其特性的磁铁。我们甚至可以断言，现代文明就是磁铁文明，这并非空穴来风。

磁铁在记录媒介中的应用

磁铁的用途不仅限于电动机和发电机，例如在信息记录媒介中，磁铁也是不可或缺的。

电磁类记录媒介的诞生最早可以追溯至1888年。美国的工程师欧柏林·史密斯（1840—1926）在那年宣布，他发明了电磁录音技术。不过因为录音音质不佳，这项技术未能进入实用化阶段。

到了1935年，德国法本公司开发出了在合成树脂表面涂布氧化铁磁体的技术，从而使得高音质录音媒介问世，也是曾经普遍使用的磁带的雏形。第二次世界大战之后，深受录音带音质的感染，美国著名歌手兼演员平·克劳斯贝向法本公司投资5

万美元，最终成功开发出了磁带。磁带的问世在电台广播和音乐界掀起了革命浪潮，迈出了音乐大产业发展的关键一步。

问世之后，磁带长期君临录音、录像媒介的宝座，直到人类进入计算机时代之后，软盘与硬盘才取而代之成为新的王者。这是因为，与磁带不同的是，圆盘形记忆媒介不会出现磁带存在的脱线、打结问题，而且具有迅速读取与存储大量数据这一压倒性优势。

但是，以上记忆媒介的原理基本相同，都是涂布含有细微磁体的物质并划分出存储区域，以磁化方式进行记忆。每个N极或S极的方向就是一个字节。20世纪70年代推出的第一代8英寸软盘的数据记录容量仅为80 000字节，而今天的计算机硬盘则能存储以万亿为单位的字节。

实现这一点的关键在于科学家们在强磁场屏蔽与垂直存储技术上取得重大突破。这使大容量记忆媒介的价格变得极为亲民，成为每个人都能拥有的产品，给人类带来了无法估算的益处。现在，我们身处信息社会，可是很少有人想过，这个社会的基础正是肉眼无法看见的无数微小磁体组成的记录媒介。

寻求更强劲的磁性材料

在一系列新技术的加持之下，磁铁技术的发展速度令人瞠目结舌，日本科学家对此也做出了重大贡献。在本书前文提到的"钢铁之神"本多光太郎在1916年研制出了当时世界上磁力最强的磁铁。

1930年，加藤与五郎（1872—1967）和武井武（1899—1992）成功研制出了可以自由成型的高性能磁铁。这种高性能磁铁是以氧化铁为主要成分的原料烧制成型的产品，价格极为低廉。从此，电动机、打印机、对讲机、磁带等产品就走进了千家万户，冰箱贴也属于高性能磁铁之一，所以说高性能磁铁在我们生活中随处可见。

高性能磁铁

提到磁铁的外形，大家想到的不是棒形就是马蹄形，这是因为只有这两种形状才能保证磁铁长时间保持磁力。而高性能磁铁具有优良的保磁性，即便不做成棒形或马蹄形也可以长时间保持磁力，因此可以制作成任何形状。正是高性能磁铁这种伟大的发明，才为磁铁的应用开启了一个崭新的纪元。

高性能磁铁的出现纯属偶然，并非开发目标。某日，武井武下班的时候忘记关掉测试设备，不料到了第二天发现试验材料居然带有极强的磁性。这就是科研工作中的意外好运带来偶然发现的代表事例之一。人类的许多重大发现就是这种幸运的产物。但是，科学家最重要的天分就是，当幸运出现时，牢牢地把它抓住。

在幸运的加持之下，20世纪60年代添加稀土的强力磁铁诞生了。日本诗歌作家俵万智的父亲俵好夫就是曾经在松下电器产业公司与信越化学工业公司大展身手的研究者之一。俵好夫向磁铁中添加钐元素研发出了磁性超强的磁铁。后来在畅销诗集《沙拉纪念日》中，俵万智用短歌"'举世无双'之磁石，充斥家翁之棚架"歌颂父辈的功绩。

现在，更加强劲的磁铁已然君临"磁王"之位，它就是佐川真人（1943— ）在1982年开发的钕磁铁。这种磁铁磁力非同寻常，据说曾经有人因为钕磁铁的磁力造成了手指粉碎性骨折的事故。一块小小的钕磁铁都拥有强劲的磁力，这种特性为硬盘和手机的小型化做出了重大贡献。钕磁铁也出现在新能源汽车等高端产品中。现在，生产钕磁铁的重要稀有金属原料——

钕磁铁

钕和镝，都成了国际政治经济势力角逐的焦点。

近年来在磁铁技术上日新月异的改良创新令人咋舌，而这些改良创新又成为其他领域创新的导火索。受此影响，我们的日常生活也发生了重大改变。

　　今天的电动机及电力设备能实现以前设备数百倍的功率，而电磁记录媒体的信息存储能力令人类望尘莫及。原本弱小的人类借助对材料的有效利用，拓展了自身的能力并构筑了今天的文明。从某些角度来说，没有哪种材料能展现出超越磁铁的威力。紧随着铁的发现，人类又发现了磁铁，可以说磁铁与人类数千年来文明发展的脚步相伴相随。

第十章

创造奇迹的『轻金属』——铝

兼顾防御与机动性

盔甲的历史可以说是一部人类孜孜不倦改良盔甲的血泪史。从最初的青铜胸甲开始，到后来的锁子甲和鱼鳞甲（用皮革绳连接鱼鳞状的金属片），人类一直在追求制造出更加轻便、灵活的盔甲。然而，随着长弓和火枪等威力强大的新型武器崭露头角，为了对抗这些武器，盔甲逐渐变成覆盖全身的厚重金属外壳，这种发展趋势导致轻便灵活的盔甲成了难以企及之物。

被称为"最后的骑士"的神圣罗马帝国皇帝马克西米利安一世（1459—1519）自行组建了私人盔甲作坊，致力开发具有实战性的轻量型盔甲。经过多方研究，工匠们发现，将薄护板加工成波形可以提高盔甲的坚固度，利用盔甲上的凹槽抵挡敌方

马克西米利安一世

刀剑、弓矢的攻击，并最终研制出著名的流线型盔甲。然而，即使是这个工艺精细的马克西米利安式盔甲，其重量也超过了20千克。普通人一旦穿上，真可以说得上是举步维艰。

日本的盔甲分量也不轻。对于当时身材矮小的日本人来说，这是个大麻烦。据说，日本战国时期大名今川义元刚穿上盔甲便摔了一跤，要不是别人帮忙根本无法爬起来。对于战士来说，盔甲是保障生命的防具，然而，一旦选错，盔甲反而成了催命符。

轻质的木材和布类防御效果不好，而坚硬的铁或者青铜则太重，做成盔甲以后会降低穿戴者的机动性——这个跨越千年的难题令无数武将和盔甲匠人烦恼不已。可是，一种特殊材料能够轻而易举地解决这个问题。对于我们现代人来说，这种材料在生活中无处不在，也是本章介绍的主角——铝。

铝的比重大约为2.70，约为铁（7.78）和铜（8.94）的三分之一。因此，用铝制成的盔甲分量很轻。虽然强度比两者略逊一筹，但是铝合金的硬度足以媲美两者。现代相当于盔甲的物品是防暴警察使用的警盾和防护服，其主要材料便是铝合金。近年来，使用透明的聚碳酸酯（PC）制作的警盾日益增加，第十一章将对此进行详述。

铝元素是地球上极为常见的元素，在地壳中的含量排在氧、硅之后名列第三（约占地球总重量的7.56%），储量远超铁（约占4.7%）和钾（约占2.4%）。长石和云母中含有大量的铝元素，含有铝元素的化合物自然也就成了地表极其普遍的物质。

虽然铝的蕴藏量极大，也是一种优异的材料，但是在人类的历史长河中，它一直拒绝在人类面前褪去神秘的面纱。直到1825年，铝元素才首次被人以金属形态分离出来，可以说人类与铝元素结缘至今未满200年。进入20世纪之后，金属铝的量产技术才日渐成熟，这种神秘的元素才正式得以广泛应用。

使人类迟迟未能发现铝元素，近代才实现大规模生产铝的重要原因在于，铝原子与氧原子的结合极为牢固。约27亿年前，地球上出现了蓝藻菌，而蓝藻菌则向大气释放了巨量氧气。从那时开始的漫长岁月中，铁、铝等活泼性金属原子纷纷与氧原子结合，成为金属氧化物，存储于地球各处。在之后的岁月里，绝大多数铝一直存在于铝的氧化物中默默地等待着化学研究者再次将其还原成金属铝。

当然，仁慈的大自然还是给天然金属铝留下了些许的伊甸园。这个神奇的地方就是位于俄罗斯堪察加半岛的托尔巴奇克山。那里的地层彻底隔绝了氧气，并在还原性火山气体的作用下形成了极为罕见的自然环境，成了金属铝硕果仅存的避难所。

假如人类能在更早的时代掌握自然界中天量的金属铝，将其应用到武器、防具之中，很可能会彻底改写世界战争乃至人类历史的走向。铝和橡胶、塑料一样，都是战略材料，"假如那个时代有了铝……"之类的话题能令人浮想联翩。

铝是怎样被发现的？

那么，人类又是怎样发现铝元素的存在的呢？最初，人类从明矾中提取出了金属铝。在自然界中，明矾以矿脉或者被称为"温泉汤花（即温泉中的水垢）"的方式存在，自古以来被人类当作媒染剂和鞣制剂。

如前文所述，铝元素具有极强的亲氧性，一个铝原子能与多个氧原子结合。在作为媒染剂时，纤维中的氧原子和染料中的氧原子通过明矾中的铝原子在搭桥效果之下结为一体；在作为鞣制剂时，皮革中的蛋白质所含有的原子在明矾中的铝原子作用下结为一体，形成稳固而不易分解的分子结构。这一切都是人类凭借生活经验悟出了铝元素的特性，并加以有效利用。

但是，想切断铝原子与氧原子的结合难度极大。法国化学家安托万-洛朗·德·拉瓦锡（1743—1794）就曾经预言明矾当中含有人类未知的元素。但是穷其一生，他也未能揭开谜底。英国化学家汉弗里·戴维（1778—1829）曾从明矾当中分离出未知金属的氧化物，因此他以明矾的拉丁语名称"alum"命名该金属为"alumium"，意思是"闪闪发光"。"alumium"后来逐渐演变为"alumine"，即铝的正式英文名称。

拉瓦锡和戴维这两位化学天才都未能从铝的氧化物中分离出铝元素。直到1825年，丹麦化学家汉斯·奥斯特（1777—

1851）才首次利用稀的钾汞齐与氯化铝反应成功得到了金属
铝。但是，用这种方法获得的金属铝不仅含有大量的水银残
留，而且产量非常低。在其后的几十年里，铝的价格远超今天
的稀土，一度成了贵金属之王。

安托万-洛朗·德·拉瓦锡　　　　　汉弗里·戴维　　　　　汉斯·奥斯特

痴迷铝的皇帝

　　有位君王对铝的痴迷程度到了无以复加的地步，他就是法
国皇帝拿破仑三世（1808—1873）。在1855年的巴黎世界博览
会上，当时价格昂贵的铝锭上铭刻着"来自泥土的白银"的字
样，和镶嵌着华贵珠宝的王冠同台展出。这种令人惊异的金属
顿时就成了世界博览会的热点，令无数世人为之啧啧称奇。

　　邂逅金属铝的拿破仑三世开始全力支持关于铝的研究，还在
巴黎郊外专门建设了冶炼工厂。那里生产的铝除了被制成拿破仑

拿破仑三世

三世的御用纽扣、折扇之外，还被制作成给皇太子玩的铝制玩具。

在招待贵客的时候，拿破仑三世还会特地拿出铝制的碟子、勺子、叉子，而金银制作的餐具反而成了陪衬。相信看到宾客为餐具的分量格外轻巧而吃惊不已时，拿破仑三世肯定是一脸得意之色。

当然，拿破仑三世推进对于铝的研究并非只为博得贵客的惊叹，如果能将这种轻而坚固的金属运用到军工上，就可以大幅提高法国骑兵的机动性，使法国在与列强的争霸战争中占据优势。这也许是作为一国元首的拿破仑三世所具备的战略眼光。然而，铝制军事装备并未成为现实，反而是拿破仑三世在1870年成了普鲁士帝国的俘虏而被迫退位。

在其后的岁月中，铝一直被当作一种稀有金属而为世人所知。甚至在1884年华盛顿纪念碑竣工之时，为了彰显美国的国家尊严而在纪念碑的顶部安放了一个重达2.7千克的铝制塔尖。据历史学家记载，那时一盎司（约28克）铝的价值相当于全体参与华盛顿纪念碑建设的建筑工人一天的薪水。可以说在一百多年前，铝的价格远超黄金和白金。

关于铝的科学知识

正如前文所述，铝在众多金属元素中是一支绽放异彩的奇葩。轻而牢固、性质稳定、价格低廉能进行大规模冶炼，没有其他金属能与铝比肩。由于铝处处可见，我们一般不觉得它有什么特别之处。然而，当仔细研究铝的性质时，我们肯定会惊叹它是种奇迹般的金属。

铝之所以会如此轻巧，关键在于它的原子量较小。以氢原子为标准进行比较的话，铝原子的重量约为氢原子的27倍，铁原子的重量约为氢原子的56倍，铜原子的重量约为氢原子的63倍，金原子的重量约为氢原子的197倍，从中可以看出铝原子是何等轻巧。

当然，还有一些金属也很轻，例如锂（铝的0.53倍）、钠（铝的0.97倍）、钾（铝的1.55倍）等。但是这些金属极易氧化，已经不单单是生锈这种温和的程度了，甚至遇到水会燃烧、爆炸，根本无法作为材料使用。

说到这里肯定有读者会觉得奇怪："前文曾经提到过铝是一种极易氧化的金属，那也就是说，铝很容易生锈吧。"不过，铝制品很容易生锈这个说法，似乎并不符合常识。

实际上，虽然铝元素没有钠元素和钾元素那么活泼，但是金属铝一接触空气很快就会发生锈蚀现象。奇妙的是，氧化铝会在金属铝表面形成一层致密的保护层，阻绝了氧气，从而终止氧化的进程。由于保护层很薄，在外观上很难看出异样。

此外，金属铝具有易于切削加工、导热性和导电性优良等特点，在电器产品上的应用极为广泛。在延展性方面，铝也不亚于其他金属，可以压延成具有美丽的银白色光泽的铝箔。真可以说，铝是一种具备了美感和多种加工特性的优良金属。

虽然铝具备如此之多的优点，但是如果无法切断铝元素与氧元素的结合，对人类来说金属铝永远只能是一种高不可攀的稀有物质。反过来说，谁最先解决这个难题，谁就能通过铝的量产技术获得巨额的财富。

青年科学家们创造的奇迹

在19世纪80年代，美国俄亥俄州奥柏林学院的弗兰克·朱厄特（1844—1926）教授为了激励学生的探索精神引发他们的科研兴趣，有意介绍了铝元素的特性，并强调说能够发明规模化精炼铝技术的人必然会成为富可敌国的富翁。其中有位学生受到激励，立志开发规模化铝精炼技术，他就是查尔斯·马丁·霍尔（1863—1914）。

当时生产精炼铝的方法是用金属

查尔斯·马丁·霍尔

钠还原氯化铝，原理是用金属钠直接与氯元素结合而析出金属铝。但是，由于这种方法使用了危险性很高的金属钠，因此风险大、成本高，不能实现规模化生产。

另外一种生产精炼铝的方法是利用电解技术将铝原子与氧原子分离。这种方法可以参考氯化铜电解法。在氯化铜的水溶液中插入两个电极并接上电流，在阳极上产生氯气，在阴极上产生铜，这就是利用电解法分离铜原子与氯原子的原理。

电解法用于生产铜没有问题，可是用于生产铝就不太合适了。直接电解氯化铝溶液时，阴极上不会产生铝，只会产生氢气。这是因为氢原子争夺电子的能力远远强于铝原子，这是无法克服的现实问题，而且电解法离不开导电性液体。

在那个时代，从铝土矿中提取高纯度氧化铝的工艺已经成熟。为了规避氢原子的干扰，曾经有人考虑过用高温熔解氧化铝，在熔融液中加入电极进行电解的做法。

这种做法在理论上没有问题，可是在实际操作中难度很大。因为氧化铝的熔点超过2 000℃，耐受这个温度的材料本身就极为稀有，而且消耗能量巨大，生产成本非常高。

为了突破这个悖论，霍尔屡败屡战、百般尝试，最终找到解决问题的关键，即一种熔点只有1 000℃的铝化合物矿——冰晶石（Na_3AlF_6）。用熔融的冰晶石代替电解液，添加氧化铝之后再用碳电极电解，便可以获得金属铝。当年，年仅23岁的霍尔解决了困扰历代化学家的难题，成功实现了金属铝的量产。

不过，想到这个方法的人不仅仅是霍尔。在大西洋的彼岸，法国化学家保罗·埃鲁（1863—1914）也在1886年发明了类似的铝精炼技术。为了纪念两人的功绩，这种工艺被命名为"霍尔–埃鲁法"，现代的铝精炼生产工艺基本上脱胎于这一工艺。

保罗·埃鲁

科学的世界如此奇妙，不同的人在不同的国度却几乎在同时发明了相同的技术，这样的巧合并不罕见。因为在那个时代，人们对于铝元素有了足够的了解，发电厂的建设与普及使电力供应有了保障。当这些条件都具备的时候，催生这项技术的基础条件就成熟了。因此，在那个时代实现金属铝的工业化生产也是历史的必然趋势。

霍尔在1888年凭借电解铝技术创业，他创办的美国铝业公司获得了长足发展。在此以前，全球一天的金属铝产量仅2.3千克，而20年后就达到了约40吨。在金属铝的价格直线下跌的同时，铝的应用在世界各地开花结果，霍尔也获得了巨额的财富，成为有史以来成功创业的化学家之一，而他的导师朱厄特教授关于财富的预言也成了事实。

翱翔于天空的合金

横空出世的铝与钢铁相比，依然存在着强度不足的缺点。随着后续研究的推进，人们发现只要在金属铝中添加少量的铜、镁、锰，即可大幅提高铝的强度。由于这项技术的专利属于德国科隆金属工业公司，所以这种铝合金用"Dürener"（科隆）与"aluminium"（铝）合并的单词命名为"科隆铝"。

这个发现具有划时代的意义，警盾和防护服、现金运输箱等都是用了铝合金。科学家们通过改变添加金属的配方，又开发出了强度更高的高级铝合金和超级铝合金。

铝合金应用中最重要的领域就是飞机制造业。制造飞机的材料必须兼顾轻巧与坚固两个方面，没有任何金属比铝合金更胜任这一要求。莱特兄弟在制作第一架飞机——"飞行者一号"时（1903）就已经使用铝铸缸体的发动机了。

很快，飞机设计技术就进入了飞速发展的时代。到了1912年，速度为200千米／小时的飞机问世。当1914年第一次世界大战爆发之时，军用飞机有了用武之地。不过，今天的我们也许很难相信，那时的飞机机体的主要材料居然是木头和布。1927年，查尔斯·林德伯格（1902—1974）首次完成人类横跨大西洋的飞行壮举时，所驾驶的圣路易斯精神号的机身材料是木合板，机翼是木框架布蒙皮的。

开创金属飞机先河的是德国人胡戈·容克斯（1859—1935）。

1915年，容克斯设计的人类第一款钢铁材质机体的飞机J–1成功试飞，从而证实了金属飞机的可行性。听到了关于铝合金的信息之后，容克斯开始研制铝合金材质的飞机。到了1919年，能够搭载6人的J–13型客机问世，该型号的飞机耗油量低，能适应从热带到寒带的广阔地域的飞行环境，向世人展示出优异的性能。

胡戈·容克斯

在1923年发表的论文中，容克斯指出木制机体除了火灾、腐朽等风险之外，受热变形也会对飞行性能产生巨大影响，提出只有金属机身才是解决这些问题的最终手段。此外，木材受长度、厚薄等条件的限制，无法保证材料强度的均一性，但是金属材料可以任意成型，从而保证了加工后的机体强度。今天看来，这些都是再普通不过的真理。

虽然事实已经证明了金属机体的优越性，众多公开论证的结果也令人不得不折服，可是全金属飞机的普及依旧任重道远。直到20世纪30年代后期，也就是容克斯的J–1成功试飞20多年之后，金属飞机才成为主流。

这种转变之所以要耗费漫长的20多年，原因在于：一方面，飞机设计事关人命安危，使得技术人员趋向保守；另一方面，大多数人对金属飞机是否能保持稳定的飞行姿态持怀疑态度。即使在今天，设计人员非常清楚许多新技术、新材料的优越性，可是在实际应用时依然慎之又慎。

新材料引发的革命

随着时代的进步，以喷气式飞机引擎为代表，航空领域展现出日新月异的技术革新。在这些变革中，铝材料功不可没，波音747 80%的机体由铝合金构成。耐超低温铝合金也成了航天工业不可或缺的宠儿。无论是在火箭的燃料舱中，还是在宇宙空间站中，铝合金都被大量使用。如果说橡胶是地面上汽车革命的基础材料，铝合金则是开启航空航天时代的基础材料。

当然，铝的用途并非仅限于这些特殊的行业，从人们身边的饮料罐到高楼大厦，触目所及之处想找到铝的身影并非难

飞行者一号

容克斯F-13（最早定型为J-13）

波音747-8F

事。仅仅在100多年前，人们还不敢想象这个世界上居然还蕴藏着一种"永不生锈"却轻巧坚固的金属。但是，在横空出世之后，铝就在极短的时间内普及开来，以令人无法想象的方式渗入社会的各个角落。而深受新材料恩惠的我们，在大多数情况下甚至完全感受不到它的存在。这种丝毫不引人注目、润物细无声却无处不在的革命，才是新材料所蕴藏的力量。

第十一章

变换自如的万能材料——塑料

席卷全球的材料

在笔者小时候，果汁的容器不是铁罐就是玻璃瓶。在自动贩卖机旁边还专门配了一个起子，每次拿到果汁都要把瓶口那个花冠形的瓶盖打开。在打开瓶盖的瞬间，我的兴奋总是难以言表。

用玻璃瓶装的果汁消失是因为1982年版《日本食品卫生法》的颁布。该法律要求非酒精饮料必须使用热塑性聚酯塑料容器。热塑性聚酯中最主要的品种为聚对苯二甲酸乙二酯，英文为"polythylene terephthalate"，简称PET。

PET分子结构图

透明的PET瓶分量轻、易搬运，能看清饮料的样子，而且掉在地上也不会破裂，瓶盖还能反复使用，所以在短时间内就彻底取代了玻璃瓶。近年来，各品牌的PET容器的设计更加个性化，在商品差异化方面起到了重要的作用。这些只有塑料才具有的特性是玻璃材料无法企及的。

当然，塑料的应用领域不仅是饮料容器。第二次世界大战之后，以往木材、陶瓷以及玻璃等材料的应用领域，均或多或少被塑料所占据。连纸袋、布袋之类也被超薄型塑料——塑料袋给部分替代了。

到了今天，我们身上穿的衣物原料大多是塑料纤维，坐在塑料材质的椅子上，用塑料材质的餐具吃饭，更离不开有着塑料显示屏的手机等电子产品。就算用眼过度导致近视，也要戴上塑料做的眼镜片让自己生活得舒服些。在人类的材料应用史上，没有任何一种材料能像塑料这样在众多领域占据压倒性优势。

塑料的强大之处

塑料之所以拥有这种"颠覆性能力"，关键在于其本身没有明显的缺点，而且能变换出多种形态。塑料既轻巧又结实，并且实现了低成本量产。本身透明无色的塑料，还可以在不同染色剂的作用下呈现出各种颜色，而且可以塑造成多种形状。

如果需要更加轻巧的材料，泡沫塑料以及人造橡胶之类内含空气的塑料，不仅轻巧，还具有优良的保温性能。如果需要更加结实的材料，首推聚碳酸酯这样的塑料，它的耐冲击性超过普通玻璃的250倍，可以耐受多种极端条件，因而广泛应用于信号塔、航空材料等领域。

塑料最大的弱点是不耐高温。当然，要是不计成本的话也可以找到耐受一定温度的塑料。例如，聚酰化胺这种塑料既能耐

F-22战斗机的座舱盖使用了聚碳酸酯

受将近400℃的高温，也能耐受接近绝对零度的极低温，是航天领域中不可或缺的材料之一。

如果提到耐腐蚀性，特氟龙（聚四氟乙烯）首屈一指。不论是浓硫酸还是强碱溶液，均不能将它腐蚀，是化学实验器具最理想的材料。在我们的生活中，由于特氟龙摩擦系数低而不容易出现粘锅现象，在各种不粘锅上都少不了它的身影。

塑料的强大之处在于种类丰富，而且塑料是人工材料，可以根据需要设计性能，具有的特性变化多端。塑料具有的这些特性令木材、金属等天然材料望尘莫及。不过，塑料也存在无法克服的缺点：塑料长时间受日光直射后会出现劣化，所以无法满足长期户外使用的要求。但是，从某种意义上来说，这与现代消费型社会的特征极为吻合。

扼杀塑料于摇篮中的皇帝

说到这里，到底是谁最先发现塑料的这些优点呢？也许这个人就是罗马帝国的第二位皇帝提庇略，他生于公元前42年，卒于公元37年。肯定有人会问，2 000年前就有了塑料吗？有这样一个故事和他有关：

据说，有一个手艺人去拜见提庇略，并献上一个"玻璃杯"。等提庇略观赏完毕之后，手艺人说："请把杯子还给我。"当他从提庇略手中接过杯子之后，突然用力将杯子砸在地上。正当大家都以为这个杯子会被摔成碎片的时候，令人惊奇的事情发生了，"玻璃杯"如同青铜器一样只是凹了一块。手艺人慢慢掏出一个小锤子在凹陷处敲了几下，杯子就恢复了原样。

虽然在细节上有所不同，但是几位讲述者记录的内容大体相同，所以这件事应该不是空穴来风。当时著名的博物学家老普林尼（23—79）将这个神秘的杯子描述为"柔软的玻璃杯"，我们可以大胆推测那个手艺人极有可能用某种塑料制作了那个杯子。在那个化学尚未萌芽的时代，那位手艺人是如何制作出这个杯子的呢？遗憾的是，这已经成为一个永远不可能揭开的谜团。

提庇略问手艺人："除你之外，还有别人知道这个杯子的制作方法吗？"手艺人昂首挺胸地答道："除我之外并无他人知道。"不料，提庇略当场下令："将此人斩首！"当手艺人人头落

提庇略

地之时，"罗马塑料"的制作方法就永远失传了。

据说，提庇略杀掉手艺人的理由是，当这种材料做成的物品四处流通之时，以黄金为代表的贵金属的价值会暴跌。作为罗马帝国创始者奥古斯都大帝的接班人，提庇略为维持罗马帝国的安定局面做出了不可磨灭的贡献。也许在他看来，历尽艰辛形成的社会价值体系很容易遭受新材料的冲击，这是无法容忍的危险要素。

或许提庇略的做法有他的考虑，但是人类再次与这种能够任意改变形状、可塑性极强的美妙材料相遇需要等待近2 000年的漫长岁月了。这种新材料极有可能会给罗马帝国之后的欧洲文明大发展带来重大影响。随着发明者的生命被剥夺，"罗马塑料"最终成了历史的不解之谜。

这种历史悲剧在今天依旧不断重演。大公司很难开发出革命性的创新产品，这种情况被广为诟病。究其原因，不外乎是成熟的老产品已经拥有了成熟的销售渠道，也和相关的企业构建稳定的合作关系，因此创新型产品会遭到来自各方的抵制，相信许多具有革命性的创新产品甚至来不及萌芽就被扼杀在摇篮里。笔者曾经负责过新药研发，也见证过类似的情况。

对于具有革命性的创新产品来说，与研发阶段相比，可以说后续形成产品并推向市场的难度更大。如果没有像史蒂夫·乔布斯（1955—2011）这种离经叛道、天赋异禀的人，估计很难做到这一点。

塑料是巨型分子

行文至此，就有必要用通俗易懂的话说明塑料的本质了。塑料的英语"plastic"的本义是"拥有可塑性、柔软之物"的形容词。单从这个角度来看，往黏土或面粉里加点水就能获得所谓的塑料。

目前，日本工业标准（JIS）对塑料做出如下定义：以高分子物质（涵盖大部分合成树脂）为主要原料，可根据用途人工塑造成各种形状的固体，但不包括橡胶、涂料、黏合剂等材料。这段话中的关键词就是"高分子"。

多个原子结合成分子，最终构成了我们身边的大部分物质。例如，水分子由1个氧原子和2个氢原子组合而成，而蔗糖

蔗糖分子结构图

分子则是由12个碳原子、22个氢原子和11个氧原子，合计45个原子组成。这种相对分子量在1 000以下的分子被称为小分子。

与此相反，由数千乃至数万个原子所构成的巨型分子则被称为高分子。高分子并非罕见之物，本书前文介绍的纤维素、蚕丝等都属于高分子物质，我们体内的DNA和蛋白质等也属于高分子物质。但是，这些物质无法做到"可根据用途人工塑造成各种形状的固体"，因而不属于塑料的范畴。

简而言之，利用人工手段将多种原子组合成易于使用的固体物质，这就是塑料的本质。所以说，"塑料"一词涵盖的是一个极为广泛的物质群体，尼龙、涤纶等众所周知的合成纤维在广义定义上也属于塑料的范畴。

聚丙烯分子结构图

实际上，PET这种高分子物质在不同的成型工艺下会变成饮料瓶、摇粒绒或衬衣之类的衣物、磁带的记忆媒介等不同物品。外形变化多端，成为千差万别的物品，但是在分子层面上是同一物质，这就是塑料最广为人知的特点。

塑料的种类很多，诸如"聚乙烯""聚苯乙烯"等以"聚"（poly-）开头的物质占了大多数，它的词源来自希腊语的

"多"一词。聚乙烯和聚苯乙烯是大量乙烯分子和苯乙烯分子组成的高分子物质。

不过，高分子物质反应对于化学家来说是个难题。因为高分子物质难以溶解于液体中。化学家们从处于反应均衡状态的溶液中抽取出一定量的物质，不影响反应继续发生，并对该物质进行分析，从而推测溶液中反应生成物是不是自己设想的物质。一般来说，将相关的物质溶解于液体中，在溶液状态之下才能保证整个反应过程得以实现。这样一来，越是难溶的高分子物质越难以参与化学反应，导致科研人员必须耗费极大的代价去揭开那些难以合成的高分子材料的奥秘。

高分子材料是由多个相同单元组合而成的，但是具体每个高分子包含的单元数量不一。目前，人类还无法精确控制每个高分子包含的单元数量。长久以来，塑料中的高分子长短不一这个问题困扰着研究人员，这已经被列为高分子化学亟待攻克的最尖端科研课题之一。

其实，在很久以前就有科学家在实验当中偶然合成过塑料的高分子。可惜所获得的是难以清理的黑色黏性物质，往往被当成令人头痛的失败产物而弃之不理。这可以说明为什么在很长一段时间内，敢于投身于高分子化学研究的科学家少之又少。

由于以上原因，在很长一段历史时期内，高分子化学的学术发展要远远落后于小分子化学领域。直到19世纪中叶，高分子化学才开始发展，这也是塑料与合成纤维在20世纪中叶才普及的主要原因。

诞生于意外好运的塑料

让我们以时间为主线追寻塑料发展的历史。人们往往会把塑料称为树脂（类似松香等将树木汁液干燥后的固体），正是因为人类最早使用的类似塑料的化合物就是取自天然树木的树脂。不过那时树脂的主要用途仅限于黏合剂、防滑剂等极为有限的领域。

树漆也属于树脂的一种。将这种取自漆树的汁液涂布于木材的表面，在干燥过程中所含的漆油成分在酶和氧气的作用下相互链接，最终形成高分子。可以说，漆器是塑料最早的雏形。

真正人工合成的塑料材料要直到19世纪中叶才问世。人类的第一种塑料诞生在瑞士化学家克里斯琴·舍恩拜因（1799—1868）家的厨房里。1846年的一天，他在厨房里进行化学实验时不小心将硝酸与硫酸打翻，由于妻子曾经严令禁止他在家里做实验，舍恩拜因急忙用妻子的围裙清理地板，然后将围裙挂在炉子上烘干。不

克里斯琴·舍恩拜因

料，围裙突然着火，并在极短的时间内烧了个一干二净。

其中的奥妙在于，围裙所含的纤维素在硫酸的作用下与硝酸反应形成硝化棉，而硝化棉极易燃烧，在以后的时代中甚至作为"棉火药"成为战场的主角。

到了1869年，约翰·海特（1837—1920）发现在硝化棉中加入20%左右的樟脑就会发生硬化反应。他成功研发出这种新物质的生产工艺，并将其命名为"赛璐珞"。

约翰·海特

赛璐珞可以塑造成任意形状，而且质地坚硬，是一种不可多得的材料，很快就被应用于眼镜框、假牙、钢琴键、刀具手柄等多个领域，赛璐珞的销量出现了爆发式增长。由于赛璐珞的应用领域原来使用的材料大部分是象牙，从某种意义上来说，海特是大象的救命恩人。

不过，赛璐珞也有着明显的缺点。正如前文所提到硝化棉极易燃烧，作为衍生产品的赛璐珞也是个"暴脾气"。据说曾经有两枚赛璐珞桌球相撞，在冲击力的作用下发生了爆炸，球桌旁边的男性以为是有人偷袭，于是拔枪对射，大打出手。这个传说是真是假暂且不论，但是赛璐珞材质的电影胶片因为放映机或照明灯温度过高所引发的火灾确实夺去不少无辜生命。

因此，对于赛璐珞的生产、储藏等方面均有严格要求。到了今天，更安全的塑料已经问世，我们已经很难再看到赛璐珞的身影了。虽然它已经淡出了现代社会，但是在人类材料发展史上，赛璐珞的功绩不可磨灭。

天才的悲剧

时间来到1907年，美国化学家列奥·贝克兰（1863—1944）将酚与福尔马林（甲醛的水溶液）混合之后获得一种坚硬的固体物质（酚醛树脂），并将其命名为"贝克兰塑料"。这是人类历史上第一种完全人工成功合成的塑料。直到今天，酚醛塑料依旧是电气产品中不可或缺的绝缘材料。

随着高分子化学应用领域的突破，高分子化学理论研究也有了长足的发展。1920年，德国化学家赫尔曼·施陶丁格（1881—1965）提出了高分子概念。但是，当时人们认为一个分子最多拥有数百个原子，而施陶丁格的理论过于"离经叛道"，甚至有同事还特意写信给他说："亲爱的朋友，我劝你赶紧放弃你的高分子化学理论吧，那种东西根本不存在。"此外，由于施陶丁格是和平主义者，他遭到纳粹政权的迫害，高分子化学理论在很长一段时间无法得到公认。

赫尔曼·施陶丁格

不过，有位勇者却想通过实验来验证高分子化学理论，他就是美国化学家华莱士·卡罗瑟斯（1896—1937）。他原本是哈佛大学的研究员，杜邦公司看好他的才华，于1928年特聘他为基础研究部门负责人。进入公司后，卡罗瑟斯将合成高分子物质当作科研目标。

华莱士·卡罗瑟斯

他的想法如下：A原子团组成的分子与B原子团组成的分子在相互结合的时候一般为AB原子组合，这种AB原子组合如同火车车厢连接器一般，将A原子团的分子与B原子团的分子连成长串，也就是A−A分子与B−B分子之间形成−AB−BA−AB−BA……的分子链，最终形成高分子物质。

经过不懈努力，卡罗瑟斯在1934年底成功合成了多种高分子物质。高分子化学的基础研究虽然取得了进展，但是一直无法形成产品。例如，将胺原子团和羧酸原子团连接成高分子是最简单的实验，笔者也曾在中学化学兴趣小组实践中尝试过这一反应。不过，这个反应的合成物是一种类似海带一样干巴巴的物质，根本派不上任何用场。

可是有一天，卡罗瑟斯的一个部下将这团东西用实验棒拉了一下，发现这种物质即使拉得很细也不断裂。于是，他就趁卡罗瑟斯不在实验室的时候试着确定这种物质到底能拉多长。他一直拉个不停，在房间里绕了几圈之后，他得到的是一种类似绢丝的极为结实的纤维。这正是人类开创合成纤维的起点，也就是尼龙诞生的时刻。

在卡罗瑟斯所合成的高分子物质内部，己二酸和己二胺两种分子相互交错形成细长的分子链。可在合成之后，分子链如同面条似的团成一堆，无法发挥出材料本身应有的价值。只有拉伸这条分子链，才能将原本杂乱无章的分子按同一顺序排列，在分子之间的相互作用下形成有规律的分子束，这就是将高分子"海带凝胶"转化成柔韧纤维的秘密。

总体来说，决定高分子物质特性的主要因素并非单个分子的结构，而是整个分子团的结构。后来，拉伸高分子材料的工艺被命名为"拉丝法"，成为生产柔韧的合成纤维的关键步骤。这个重要的发现只是源自那位研究人员的好奇心。

尼龙丝袜在1940年进入美国市场，当时的宣传卖点是"以煤炭、空气和水为原料，像蛛丝般纤细，如绸缎般华丽，比钢铁更强韧的纤维"，在市场上获得极好的反响。尼龙的发明最令人感兴趣的地方是，研究的目标原本并非开发新产品，而是单纯的学术研究项目，最终却催生出重大的商业成果。

但是，在材料史留下浓重一笔的卡罗瑟斯长年饱受重度忧郁症的煎熬。他还来不及看到尼龙闪亮登场的那一刻，就在1937年结束了自己年仅41岁的生命。假如没有这一悲剧，他也许能开发出性能更优异的高分子材料，甚至可能会在1953年和前文提到的施陶丁格共享诺贝尔化学奖。这位名垂科学史的天才之死，给世界留下了无限的遗憾。

"塑料之王"——聚乙烯的问世

前文提到，塑料种类多如繁星，其中聚乙烯是当之无愧的"塑料之王"。我们身边的常见之物大多是以聚乙烯为材料制作的，比如水桶和塑料袋。从整体产量来看，塑料产量的四分之一是聚乙烯，相信在今后很长一段时间内，聚乙烯的地位难以被撼动。

聚乙烯的诞生也充满着偶然因素。1933年，英国的帝国化学工业公司（ICI）进行乙烯气体与苯甲醛的反应试验研究。有一天，试验条件设定为1 400个气压、170℃，进行反应之后，研究员打开反应容器时看见里面充满了白色蜡状物质。

很快，研究员发现这种物质是乙烯分子相互连接而形成的高分子，也就是聚乙烯。就在研究员尝试再次实施聚乙烯合成试验的时候，幸运女神也再次对他们露出了微笑——在他们向反应容器内填充原料时，不慎混入了微量氧气。在聚乙烯合成反应中，氧气对乙烯分子链的形成具有催化作用，起到了催化剂的作用。假如没有氧气的话，纯粹的乙烯分子不会发生聚合反应。

正当聚乙烯的生产工艺日益完善，工业生产也步入正轨的时候，时间已经来到了1939年，正是第二次世界大战爆发的那一年。在这个时间节点上，聚乙烯成了改变世界历史进程的推手，它点燃了雷达设计领域的革命之火。

在那个年代，各国为开发新型雷达而呕心沥血。最初的雷达体积过于庞大，舰载与机载雷达的开发进入了"死胡同"。但是，随着质轻却拥有良好绝缘性的聚乙烯的问世，雷达的天线与相关零部件的设计发生了天翻地覆的变化。

到了1941年，英军率先成功开发了机载雷达，为抵御德军的夜间空袭做出了重要贡献。此外，在第二次世界大战中给盟国海上运输造成很大威胁的德国"U型潜艇"，

装备机载雷达的英军"蚊"式夜间战斗机

被搭载了对海搜索雷达的英军战机纷纷击沉。英国也向美国提供了雷达技术，这对第二次世界大战的进程产生了重大影响。

其实，人类在更早阶段就已经认识了聚乙烯。早在1898年，德国化学家汉斯·冯·佩希曼（1850—1902）在合成重氮甲烷时发现了一种白色蜡状物质，便把它命名为"聚亚甲基"。不过，那个时代的技术水平无法开展后续的研究，这个发现也就无疾而终了。

1930年，美国化学家卡尔·马弗尔（1894—1988）所在实

验室的研究人员使用乙烯气体做试验的时候也发现了反应的副产物——聚乙烯。遗憾的是，研究人员把它当成无用之物给扔了，与百年一遇的大发现失之交臂。回忆起当时的情况，他们这样说："谁也没想到那些蜡状物的用处这么大。"假如ICI公司的研究员也和马弗尔实验室的研究人员一样忽视了聚乙烯的用途，将它扔在一边的话，不知道我们今天的世界会是什么样子。

纵观整个塑料诞生的历史，可以说是一连串的偶然结成了今天的硕果。同样是偶然发现的齐格勒-纳塔催化剂成了大幅提高所有塑料的产量与质量的关键，还有特氟龙和聚碳酸酯也是来自偶然的幸运产物。

塑料的未来

塑料，这是一种原本自然界不存在的物质，所以传统化学理论无法对它进行探索或改良。在很长一段时间内，塑料的研究如同在前人未至的荒野中迂回前行，在重重困难中披荆斩棘。在塑料研究历史中，多次出现的"运气"证明了塑料研究的艰辛之处。

不过到了今天，随着技术积累到达一定程度，人类已经进入预先设计出具有多种功能的塑料这一阶段了。白川英树（1936—　）所开发的导电性塑料等材料就是具有代表性的里程碑。进入现代社会，具有发光、发电等性能的塑料材料先后问世，正在成为支撑我们日常生活的支柱。现在的塑料材料，它的原料主要来自储量丰富的石油，具有极高的通用性和优良的性能，已经成为现代基础材料的明珠，屹立于科技领域的前沿。

但是，塑料纯粹是人工合成的材料，自然存在着无法回避的缺点。最致命的一点在于，塑料与所有天然材料不同，无法被细菌或者酶分解，无法彻底还原到大自然中。

近年，直径小于5毫米的塑料碎片和颗粒（微塑料）流入海洋的问题广受关注。被我们利用后抛弃的各种塑料产品，在紫外线的作用下分解成无数细小碎片，其中绝大部分在海洋中四处漂荡，被鱼类等海洋生物摄入体内，然后再通过食物链进入人体。由于有机物与人体有很高的亲和性，人们很担心微塑料会影响人体健康。

到目前为止，还没有证据表明微塑料对人类与海洋生物造成了巨大危害，不过塑料的使用量如此之巨，再加上世界人口的增长，可以肯定，微塑料的总量未来还会继续增加。由于微塑料的体积很小，事实上我们无法完全清除海洋中的微塑料。照这个趋势发展下去，预计在2050年左右，海水中微塑料的总重量甚至会超过鱼类的总重量。

为了解决这个困局，世界各国开始尝试削减一次性塑料产品的使用量。很多国家已经禁止使用一次性吸管或叉子之类的塑料制品，并要求饮料瓶的回收率超过90%。由于轻巧、超薄的塑料袋更容易分解成微塑料，法国和意大利已经颁布了禁止使用塑料袋的法令。

也有些人认为微塑料未必会对人体造成伤害。但是，在不牺牲经济发展与方便性的同时，兼顾保护环境并非天方夜谭。人类使用很多材料的过程中也经历过各种各样的环境污染，并成功将其克服。从另一个角度来看，我们应当制定防患于未然的制度。

第十二章

无机材料之王——硅

开启计算机文明

在笔者的孩提时代，计算机是一种离日常生活极其遥远的存在。那时既没有个人计算机也没有游戏机，计算机只是大企业或者科研单位所使用的巨型设备。

然而，笔者2014年出生的女儿还没学会说话就已经知道如何解锁智能手机，然后点开应用程序玩游戏了。仅仅在一代人的时间里，计算机已经深入人们的生活，不仅成了人们工作中随处可见的工具，而且成了人们生活中不可或缺的存在。

如果单从硬件角度来分析计算机如此迅速进入社会的原因，归根结底就是硅材料生产技术的高速发展。在最近的几十年里，社会发生的剧烈变化中的绝大部分都与计算机领域的进步有着密切的关系。从这个角度来说，没有人会否定硅是代表现代社会文明的材料。

今天的计算机在人类各领域中都肩负着无可比拟的重任，然而"计算机"一词最初的含义是"计算机器"。为了从难以胜任的繁杂计算中解放自己，人们急需一种称手的机器——这种需求开创了现代计算机文明。其实，类似的尝试在人们熟知的更久远时代就已经开始了。

古希腊的计算机

　　伯罗奔尼撒半岛与克里特岛之间有一个名叫安迪基西拉的小岛。今天，这个岛上只有数十位居民。可是据说在2 000多年前，那里是海盗的老巢，是无数凶恶之徒的藏身之地。

　　1901年，安迪基西拉岛附近的海底打捞出一艘沉船，但是对沉船物品的详细研究却一直没有进展。直到1951年前后，人们才从其中发现了令世人震惊的物品——一件制作于公元前150年到公元前100年左右的机械装置。

安迪基西拉岛的神秘机械装置

令现代科学家们倍感困惑的是，这台机械的精度远超当时的科技水平。

　　随着研究的进行，更多令人吃惊的事实逐渐浮出水面：这台机械由至少30枚齿轮构成，完美再现了太阳、月亮等星体的运行规律，可以直接推算出日食、月食的发生日期，以及古奥林匹克运动会的举办年份，其精度几乎可以称得上是最早的模拟计算机。在其后的千年之间，再没有第二台同等精密度的机械设备问世。研究者认为，"从稀有程度来说，这台机器超过了名画《蒙娜丽莎的微笑》的价值"。

　　到底是谁出于什么目的制造了这台机械，又为什么把它带上了船，今天已经无从得知。但是，关于安迪基西拉岛的神秘机械装置的研究还在进行中。最令人遐想的是：到底是谁制造了这台堪称奇迹的机械？

　　一般来说，凡是具有工匠气质的人经常有着一种冲动，想亲手打造出一种能模拟、涵盖某个领域的事物。可以推测，也许一名心灵手巧的工匠遇到一名杰出的天文学家，他们的思维碰撞出火花，最终诞生了远超那个时代需求的杰出机械装置。

人类的计算机器梦想

　　当然，基于对正确完成大量计算工作的要求，古代有很多类似神秘机械装置的"计算机器"，诸如算盘、算筹、计算尺之类的单纯性计算工具早已流传于世界各地。除此之外，布莱斯·帕斯卡（1623—1662）和戈特弗里德·威廉·莱布尼茨（1646—1716）等著名数学家也分别发明了滚轮式加法器和莱布尼茨乘法器等计算工具。

开发出现代计算机雏形的人是英国数学家查尔斯·巴贝奇（1791—1871）。当时为了计算船只的航线，必须进行对数运算，可是对数表的误差太大，甚至引发了部分船只失事事件。因此，在1812年，年仅21岁的巴贝奇开始考虑能否用机器计算，以确保结果的正确性。

可惜他那台被命名为差分机的设备不仅结构过于复杂，而且设计多次变更。他的研究资金很快就用完了。巴贝奇不屈不挠地坚持了20年，最后不得不放弃差分机的研制工作。

1991年，为了纪念巴贝奇诞辰200周年，伦敦博物馆制作了巴贝奇生前未能完成的差分机。最终的成品是一台宽3.4米、高2.1米，由4 000多个零部件构成的巨型设备。测试结果表明，这台机器能正确进行15位数的计算，从而证明了巴贝奇的设计丝毫无误。

人类历史上的首台电子计算机要等到1945年才问世，这台值得载入人类史册的电子计算机被命名为ENIAC（电子数值积分计算机）。它的用途是计算弹道等，以为第二次世界大战提供支持。不过，等它诞生的时候，第二次世界大战已经结束了。

ENIAC由近1.8万个真空管、7万个电阻和1万个电容组成，宽约30米、高约2.4米、厚度达到0.9米，是一个总重量达27吨的庞然大物。其中，最具革命性的设计是采用程序控制计算机，可以处理多个领域问题。从这一点来看，它可以称得上是现代计算机的始祖。

ENIAC

虽然这台计算机在当时是耀眼的明星，但是巨大的机身和高额的维持费用，导致它的用途被制约于特殊领域内。这台原始计算机未来进化成能够影响我们生活方方面面的现代计算机，还需要以一种材料为基础，而这种材料便是本章当仁不让的主角——硅（silicon）。

处于命运歧途的元素兄弟

对于化学家来说，元素周期表并不只是一张元素一览表那么简单，有时候只要多看几眼、多动动脑筋就能获得无穷无尽的创新灵感。正如前文所述，金、银、铜在元素周期表中同属一列（代表着化学特性相似），从中我们可以看出奥林匹克运动会的奖牌与人类经济活动的关联。

最令笔者感到不可思议的是，碳元素与硅元素也同属一列，在元素周期表中一上一下。两者性质相似，都可以形成4个化学键，硅元素的原子结晶结构与钻石完全相同，诸如此类的共同之处为数不少。可是，两者在自然界的存在形态与作用大不相同。

碳元素是生命不可或缺的重要元素。无论是蛋白质还是DNA，都是以碳元素为中心构建而成的。在地球上，无论是地壳还是海洋，人类目力所及之处的碳元素重量仅占总物质重量的0.08%，而我们身体内的碳元素重量占到了体重的将近20%。所以说，碳元素确实是生命活动中不可或缺的元素。

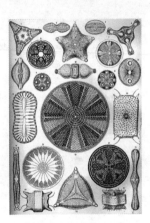

硅藻示意图

在此肯定有人会问："既然硅元素与碳元素性质相近，硅元素有可能成为生命的基础元素吗？"受此影响，许多科幻小说曾经描绘过多姿多彩的硅元素生命。然而，令人惊奇的是，在现实世界中，硅元素与生命的关联性并不大。除了硅藻之类的浮游生物和稻科植物之外，生物界里需要硅元素的地方少之又少。地球上硅元素储量极其丰富，为什么大部分生物却对它丝毫不感兴趣呢？

地球上绝大部分岩石是由硅元素与其他元素共同构成的。我们身边随处可见的岩石就是硅元素、氧元素和各种金属元素互相结合成网状结构，从而形成的坚硬的块状岩石。

因此，在我们生活的世界中，如果按绝对重量划分各种元素的百分比，氧元素约为49.5%，硅元素约为25.8%。前文提到的碳元素化合物（包括碳基生命在内）的重量还没有硅元素的零头多。假如外星人来到地球上，不考虑生命，单单站在元素的角度观察，也许会认为地球是一颗被水包着的氧化硅行星。

更奇妙的是，碳元素与硅元素这两种元素竟然几乎不发生反应，共同形成原子键的情况极少发生。除了在陨石中发现过极少数碳化硅之外，人类尚未发现过自然界中的碳硅化合物。

不过，碳元素与硅元素并非不能结合，我们可以通过人工手段令两者形成化合物。例如，厨房用品和医疗用品中的硅胶材料就是其中的一种。众所周知，硅胶除了兼具柔软性与耐久性之外，还有良好的耐热性。这种优异的材料正是碳元素与硅元素的化合物，是一种自然界原本不存在的物质，确实令人感到不可思议。值得一提的是，硅胶虽然含有"胶"字，严格来说这种表述不正确。其实，它真正的意思是以氧化硅为骨架，结合多种化合物所构成的物质，所以硅胶的英语为silicone，与硅元素的英文silicon不同。

综上所述，本来两个极为相似的元素——碳元素与硅元素，一个成了生命世界的主宰，另一个成了无机世界的霸主，在自然界里却"老死不相往来"。也许，只有笔者才对两者间如同古希腊神话故事般的跌宕起伏关系感到好奇吧。

硅元素的历史

虽然硅元素在生命构成当中并没有发挥多大的作用，但是作为一种材料，硅被人类广泛应用，其用途非常广泛。且不说建筑用石材，包括前文提到的陶瓷的分子构架也以硅原子为主。此外，玻璃也是由1个硅原子与2个氧原子结合成的分子组成，这些分子排列毫无规律可言。

虽然硅在自然界无处不在，可是人类认识它的时间还不到200年。1823年，瑞典科学家贝采利乌斯（1779—1848）才首次分离出了纯净的硅。硅元素的发现时间甚至比发现诸如铯、钯、铱等极微量元素都晚了许多年。

硅迟迟未能进入人类视野的原因与前文中介绍的铝元素的情况类似——硅与氧的亲和性极强，化学键极为牢固。前文中提到岩石与玻璃，在分子结构中硅原子与氧原子互相交错形成网状结构，分离难度极大。因此，获取高纯度的硅非常困难，必须等到技术、工艺与思路发展到一定水平之后才能实现。

高纯度硅是一种带有银色光泽的固体，往往会令人误以为是某种金属。但是，硅元素的物理特性与金属元素大相径庭，所以被归入了准金属。例如，就导电性来说，硅介于拥

高纯度硅

有导电性的金属与拥有绝缘性的非金属元素的中间地带。由于具有这种半导体的特殊性质，硅元素成为信息化时代的"元素之王"。

半导体的秘密

半导体是大家耳熟能详的词汇，虽然大家都知道它的导电性介于导体与绝缘体之间，可未必理解其中真正的奥妙。简单来说，半导体是一种能够通过改变杂质含量或者改变光照方式控制其电导率的物质。

在金属元素本身携带的电子中，一部分可以脱离原子自由移动。只要从任意一个方向得到"召唤令"——施加电压——这些自由电子便会瞬间奔向低电压区域，这样就在金属内部形成了电流。

而在硅晶体内的原子对电子的捕捉能力稍强于金属元素，使电子无法自由移动，因此纯硅基本上属于绝缘体。对此，可以在纯硅中混入极少量的其他物质，使硅具有导电性。

例如，在硅晶体内添加带电子数少的硼，由于硼原本处于缺乏电子的状态，会形成"电子空穴"状态。一旦施加电压，邻近的电子就会移过去填入空穴，新产生的空穴由其他电子填充，在此连锁反应之下形成稳定的电流。

简而言之，这就是所谓的空穴传输。纯粹的硅晶体内部由于所有的空穴都被电子占满，如同一群人手里都拿着东西，相互之间无法传递物品。加入硼相当于这一群人加了几个空着手的人，就可以迅速将手里的物品（电子）转交给下一个人。这种半导体本身缺乏负电荷，也就是说全体处于正电荷的状态，被称为P型半导体（p是单词positive的首字母）。

与此相反，假如在硅晶体内加入多带了一个电子的磷元素，依然可以具备导电能力。不过，由于这种半导体携带的是负电荷，因此被命名为N型半导体（n是单词negative的首字母）。

综上所述，在硅晶体内加入不同种类和比率的杂质，就会形成不同特性的半导体。再将这些半导体进行合理组合，就可以制造出诸如单向导电的二极管、记录信息的存储媒介等多种电子元件。用象棋的棋子打个比方，假如金属元素是只能前行的兵卒，而半导体就相当于棋盘上多了车、马、炮等功能强大的棋子。将这些棋子进行合理布局，就可以像走出精妙的棋局一般生产出复杂而功能强大的电子产品。

跨入锗时代

真正开创半导体时代的材料原本不是硅，而是一种名为锗的元素。前文提到碳元素与硅元素在周期表中同属一列，而锗元素则在下方紧挨着硅元素，三者在性质上自然有许多相同之处。因此，锗元素也为半导体的发展立下了汗马功劳。

第二次世界大战后，最早利用锗元素开发出新设备的是美国的贝尔实验室。该实验室原本是美国电话电报公司（AT&T）的研究部门。AT&T在全美开展长途电话业务时发现这样一个问题：随着距离的增加，声音信号出现衰减现象，导致双方难以听清通话声，而解决这个问题只能依靠音频信号增幅设备。

1947年，约翰·巴丁（1908—1991）、沃尔特·布拉顿（1902—1987）和威廉·肖克利（1910—1989）三人首次实现了锗晶体管实用化。最初的产品被称作点接触式锗晶体管，在实用性方面还有极大的欠缺。后来，肖克利又开发出物理特性极其稳定的NPN型晶体管。

第二年，随着晶体管的技术公开，全世界的技术人员敏锐

巴丁（左）、肖克利（中）、布拉顿（右）

地捕捉到技术的发展方向。当时所使用的真空管寿命最长不过数千小时，这就导致刚问世不久的ENIAC不得不一天数次更换真空管。然而，新问世的晶体管不仅寿命长、价格低，而且可

以做得极为小巧。据当时参与晶体管研究的日本人回忆，看到极其细小的晶体管时，他不由得感到"这是种令人毛骨悚然的发明"。

晶体管的问世开启了半导体产业兴盛发展的新篇章。成功开发出晶体管收音机的东京通信工业以此为契机，发展成了名震世界的索尼公司。1960年，电视之所以能登上"娱

1947年发明的首个晶体管（复制品）

乐之王"的宝座，晶体管的功劳不可磨灭。而巴丁、布拉顿和肖克利三人也因为发明晶体管的功绩而荣获了1956年的诺贝尔物理学奖。

硅谷奇迹

成功开创了半导体时代的锗并非完美，由于耐热性的不足，晶体管在环境温度超过60℃时就无法正常工作。而且，锗

本身也属于稀有元素，在稳定供给上也是个大问题。

在种种原因的作用下，硅元素最终被推上了舞台。人们早就知道硅也具有半导体的特性，但它的熔点高达1 410℃。虽然硅具有极好的耐热性，但在提纯和结晶过程中困难重重。这一点在前文也提到过，只要掺杂少许的杂质就会导致半导体特性发生巨大变化，这就导致在生产过程中意外混入的物质会给半导体产品的质量带来很大的影响。所以在现代硅材料半导体生产中，硅的纯度必须达到99.999 999 999%以上，也就是说杂质必须低于一千亿分之一！在20世纪50年代，这个要求无异于一道难以克服的障碍。

在美国旧金山湾区的一个山谷中，经过多方努力，这道障碍被突破，并由此开启了硅半导体大发展的奇迹。现在，那里被命名为"硅元素之谷"，也就是闻名遐迩的硅谷。

处于硅谷核心地区的斯坦福大学是美国西海岸的著名高校。斯坦福大学曾经孤零零地被果园围绕着，斯坦福大学的优秀毕业生几乎不会留在当地工作，全都跑到纽约等美国东海岸的大城市寻找出路。

对此心急如焚的弗雷德·特曼教授（1900—1982）劝说学校的学生们留在当地创业，为毕业生们寻找留在当地的机会。1938年，威廉·休利特（1913—2001）和戴维·帕卡德（1912—1996）在特曼的支持下，在母校附近开办了一个电子设备公司，这个公司就是后来众所周知的惠普公司。

后来，特曼为斯坦福大学聘请了多位优秀的研究人员，并帮助他们在当地将研究成果转化为创业机遇。当时正赶上军事方面有大量需求，当地的企业群获得了长足发展，这就是硅谷的起源。

惠普公司创业时的车库的复原物

第二次世界大战后，这片创新之地收获了累累硕果：1959年，仙童半导体公司成功开发出硅集成电路（IC）；1964年，这里又发明了今天我们的计算机都不可或缺的鼠标；英特尔公司于1971年宣布开发出人类第一个CPU "4004"；1976年，苹果公司推出了"苹果1"计算机。

今天的硅谷已经成为奥多比、苹果、谷歌、惠普、英特尔、脸书、甲骨文、太阳微系统、雅虎等著名信息产业公司的总部所在地。

回顾这些事实真令人不敢相信，这些技术上的巨大进步居然集中在一个狭小地域之内，而且仅用了数十年。不过，当我们回望历史就会发现，在某个时代的某个地区集中了优秀人才之后，短时间内科学技术取得了长足发展的例子并非少数。15世纪意大利的文艺复兴、18世纪源于英国的第一次工业革命均属此类。还有一些规模较小的例子，前后培养出12名诺贝尔奖获得者的欧内斯特·卢瑟福（1871—1937）实验室、日本理化学研究所、著名漫画家云集的公寓常盘庄等，都是类似的例子。

诸如此类的科技进步进入爆发性成长的例子，都具备了以下多个特征：全新领域、充足的资金、容忍多次失败的环境等。

1950年之后的硅谷也具备了这些条件，无论遇到什么情况，各公司的技术人员可以突破公司的藩篱齐聚一堂，进行自由讨论。一旦研究人员有了成熟的思路就可以离开公司自主创

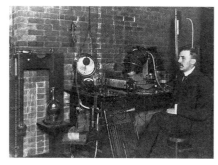

培养了12位诺贝尔奖获得者的欧内斯特·卢瑟福

业，将全部精力倾注其中。各个公司对于离职员工创业也相当宽容，甚至会成为离职员工创业公司的投资方。

在这种环境下，半导体技术以令人震惊的速度不断发展，今天的硅芯片便是无数个晶体管集成于硅基半导体上的产品。著名的摩尔定律认为，芯片上的集成度大约每18个月就会翻番。简单来说，集成度翻番的意思是，生产成本不变，而芯片的数据处理速度加快了一倍。

这个预言是在1965年发布的，虽然多次被人指出遇到了天花板，但是经过超过半个世纪的考验，它仍然有效。人类历史上还没有哪个领域实现过如此巨大的变革。这个令人惊异的

结果就是，不久以前还是超级计算机这样的巨型设备的算力，现在我们只手可持的手机居然就同样具备。人工智能"阿尔法狗"居然打败了人类最强大的棋士！笔者也喜欢围棋，对这场对弈颇为关注，看着人工智能异乎寻常的手筋，笔者的背上不由得直冒冷汗。从某种意义上来说，在特殊的领域中，"硅脑"已经成功地超越了人类的"碳脑"。

．近些年诞生的人工智能也正在新材料开发中崭露头角。超越人类智慧的人工智能开始自行设计新型人工智能的"奇点"已经成为万众瞩目的焦点。不过，这种情况与材料领域的历史发展进程极为相似，关于这一点将在第十三章进行详细解说。

第十三章
人工智能主导下的『材料学』研发竞争的发展趋势

未来的材料

材料是物质中对人类生活起直接作用的资源。人类已知的物质超过1.4亿种，其中能直接对人类有帮助的不过是沧海一粟罢了。我们身边习以为常的材料都是人类花费漫长的时间经过发现、挑选、改良等步骤逐步使用的，可以说是物质中的精英。

人们对于材料的要求也不仅仅限于结实、好用，还要考虑原料是否充足、能否量产、是否易于加工、对人体是否有害、是否会危害环境等，有着各种各样的限制条件。根据材料的用途，还要加上密度、硬度、耐久性等其他要求。所以，一种材料从诞生到推广至整个社会，需要历经令人咋舌的无数磨难。

关于材料还有一些习以为常的情况，从外观上看仿佛是不同的材料，可从微观的角度来看其实是完全相同的物质。反过来外观上极为相似的物体，原子构成却迥然不同。将多种材料组合搭配，往往可以获得性质上出人意料的物品。这些材料的背后充满了人类多年来的技术累积、改良与创新。可以说，材料上的创新直接意味着人类生活方式的变革。

近些年，信息领域与生化领域的发展令人瞩目，技术创新的舞台正在逐步向这些领域移转。但是，无论这些领域怎样进行技术开发，最终只能是立足于现有的材料基础之上的创新。一旦出现颠覆性的新材料，以新材料为基础的新技术必定能大幅改进原有的技术。

以支撑高速通信技术的材料——光纤为例，在20世纪80年代后期，互联网的普及已经成为趋势，社会各界都热切盼望开发一种比当时常用的通信电缆更快的信息传输工具。利用光传输信息在速度上是不二之选，这是有目共睹的事实。从20世纪50年代开始，研究人员已经对光纤进行研究，但是由于常规玻璃纤维杂质过多，会导致光信号因散射而衰减，所以光纤通信一直无法进入实用化阶段。但是到了20世纪70年代，采用化学气相沉积法制造玻璃质硅化合物的技术开发取得成功，高透明度光纤的生产已成为可能。就在进入21世纪时，光纤通信开始进入普及阶段，成为在线视频、多人在线游戏等新兴行业的基础。

"隐身斗篷"能成为现实吗？

随着性能优异的新型材料问世，时代必然会被推动大踏步前进，这种例子今后依然会重现。在此举个有可能改变世界的新材料例子：meta-material（超材料）。这种物质不仅名字听上去很新奇，而且具有绝对超出世人认知的物理性质。

当穿过玻璃或水时，光线的行进方向会发生改变，这是物理学中的折射现象。光线折射的程度则可以用折射率进行衡量。折射率为负数的物质就是一种超材料，这种物质在自然界原本是不存在的，据说是材料内部含有大量极细微的金属振荡器才能达到这一效果。

人们津津乐道的是这种超材料最大的用途——制作“机器猫”和“哈利·波特”等故事中才会有的“隐身斗篷”！将超材料覆盖在普通物体表面，后方的物体反射过来的光会顺着超材料表面传导到另一面，进入位于前方观察者的眼睛。这样一来，观察者看到的是后方的物体，而无法发现被覆盖在超材料下面的物体。

这种情况听上去简直就是科幻小说里的情节，但是在电磁波试验中，超材料成功实现了负折射现象，这说明“隐身斗篷”并非仅仅存在于幻想之中。如果“隐身斗篷”能在后续的可见光试验上获得成功，会给社会带来巨大的影响。例如将它运用在军事领域中，就会诞生“隐身士兵”或“隐身武器”，这将会给世界各国军事力量的均衡带来巨大的影响。

不过，制造“隐身斗篷”的技术难度极高，至少在短期内难以成为现实。但是科学家利用超材料技术已经成功地在铝表面实现了着色。也就是说，不使用任何涂料，仅凭表面加工即可让铝随心所欲地呈现出各种颜色。这确实是一种不可思议的技术。

此外，超材料还可用于制造观察小于原子尺度的光学显微镜、通过检查微量物质实现早期癌症诊断等，超材料在这些多姿多彩的新技术上蕴藏着无限的可能性。相信在未来，超材料的新动向将会成为大众关注的热点。

围绕电池材料的白热化竞争

在能源领域中也有一大类新材料已经成为大众期盼的热点，包括将机械振动能量转化为电能的压电材料，超轻型太阳能有机膜电池和能量存储器、磁悬浮列车带来能源技术革命的常温超导体等众多亟待成为现实的新材料。

与全新科技相比，与我们的生活息息相关的材料技术革新尤为重要。例如，代表现代生活的商品之一——智能手机的问世，关键在于高性能锂离子电池的发明。而高性能锂离子电池取得成功则是特殊碳电极材料和钴酸锂材料相互配合的结果。负责开发高性能锂离子电池的吉野彰（1948—　）因此荣获诺贝尔化学奖、日本国际奖等无数大奖。

不过，现在的锂离子电池并不是一个完美的存在。拆开一部智能手机就可以发现，电池不仅占据了很大一部分内部空间，而且需要经常充电，随着充电次数的增加，电池性能还会劣化。由此可见，在电池领域依旧存在着很大的改良空间。

对电池有巨大需求的不仅是智能手机，目前的汽车行业正面临"百年不遇"的变革契机——传统动力向新能源动力转换，也就是通常说的"电动汽车动力革命"。2015年12月，《巴黎协定》获得通过，削减碳排放量成为世界各国应尽的义务。在此背景之下，众多国家计划于2040年出台法律，禁止销售搭载汽油及柴油发动机的车型，技术革命势在必行。

电动汽车已经进入实用化阶段，各大车企都推出了新能源车型，但是其市场占有率至今还未能超越传统动力汽车。目前的新能源汽车所采用的锂离子电池和智能手机相同，不仅在续航里程方面不尽如人意，长时间使用之后还会出现电池劣化问题，导致续航里程进一步下降。此外，世界各地多次发生过新能源汽车火灾事故，锂离子电池的安全性也因此遭到质疑。

为了改善锂电池的不足之处，据说单单丰田公司就制订了1.5万亿日元的新能源车车载电池的开发计划。可以说，新能源车车载电池已经成了左右未来经济与环境的推手。

人工智能主导下的新材料开发

到了今天，新材料的开发已经不再以天然材料为基础，而是由研究人员设计创造新材料。当然，创造一种新材料并非毫无目的地四处撒网，而是以坚实的理论为依据，现在已经进入从原子层级的结构设计起步，然后再合成具有新功能的材料的时代。

在这个新时代的材料研究领域中，日本的存在不容小觑。超强力磁铁以及锂离子电池、光催化剂、碳纤维、纳米碳管、蓝色发光二极管、铁基超导体、钙钛矿太阳能电池等，由日本人开发或者做出重大贡献的新材料不胜枚举。

不过，从总体的发展趋势来看，日本在新材料研发中已经逐渐失去优势。其中一个原因是，以中国为代表的新兴国家开始崭露头角。从根本上来说，新材料基本上不会从一开始就以一个成熟的产品的形式出现在世人眼前，往往是作为一个新的概念性材料问世，经过多方尝试对其物理特性及生产方法加以改进，经过漫长的时间积淀才能定型。

综上所述，即使在概念性研究阶段取得领先，在产品化阶段如果没有充裕的资金与人力支持也难以为继。而面对资金与研究人员越来越充裕的中国，日本渐渐失去了对等竞争的能力。有位日本研究人员曾经哀叹："即使将日本的研究人员扩充三倍，中国依旧有能力再投入数倍于我们的人力。如果问该如何让日本赢得这场竞争，我觉得无论怎样考虑都看不到希望。"

研究人员的研究工作并非在黑暗中全面开花、四处瞎碰，更多的是靠研究人员的经验与直觉。但是，在日本最擅长的材料领域中又出现了一名强敌，那就是一种名为材料信息学的新研究方法。

第十二章中曾经提到过人工智能"阿尔法狗"自主学习了无数棋手的对弈棋谱,自行掌握了判断在某种局面时如何落子能提高胜率的能力。这相当于让计算机学会了众多棋士"也许这种方法可以解决问题"的"直觉"。更关键的是,"阿尔法狗"在升级后甚至通过数百万次自我对弈提高了"直觉"能力,竟然懂得自创新的手筋。

材料信息学的原理与此类似,通过计算机自主学习过去开发材料的各种数据,掌握预测新材料物理性质的"直觉"。在这种方式之下,原本需要花费数年之久的新材料开发,很有可能仅用数个月即可获得成果。总而言之,通过大数据的高速解析与自主学习,最终可以取代研究人员多年积累才能获得的经验与直觉。

推动这一新手法的契机源自2011年,由美国前总统奥巴马宣布启动的"材料基因组计划"。美国为此投入5亿美元,计划将新材料开发速度提高2倍。很快,到了2012年10月,该计划便打响了第一炮——成功提高了蓄电池固体电解质材料的寿命。仅用了几个月便超越了为此付出多年精力的日本研究小组,从中可窥见这种新方法的威力。

看到这一成就,中国也紧随着美国的脚步,投入了大量资金启动了类似的计划。受此影响,日本也在2015年启动了同类计划。但不得不承认,日本目前已经落后于中国和美国。不过，产业界早就盯上了材料信息学的威力，前文提到的丰田公司也计划利用该技术开发蓄电池材料。

近年来，人工智能、大数据等新名词成为热点，虽然也有担忧"人类的工作机会被抢走了"的声音，反过来也有观点反驳说这属于过度炒作。不过，人工智能已经开始在材料学领域中发挥优势，逐渐成为国际社会科研竞争的焦点。曾经在材料学领域中独占鳌头的日本，今后能否将自身的优势保持下去，估计在数年之内就能见分晓。

材料蕴藏着无限的可能性

人类从原始社会开始以飞石、兽骨为武器至今已历经数万年之久。人类随后还掌握了将材料加工成所需要的形状的技术，懂得用火烧土获得陶器、用木材建设家园。随着人类所掌握的材料种类越来越丰富，能为生产生活提供的物品也越来越多姿多彩。材料改善了人类的生活，同时也强化了人类的能力。先于他人掌握了更加优良材料的人会赢得战争与财富，甚至成为君临天下的霸主。正如本书各章所述，为了寻求更加优良的材料，人类在各个时代都倾注了最先进的技术与最优秀的人才，这个趋势到今天依旧没有任何变化。

未来的材料将走向何方？以蓄电池为例，蓄电池并非由单一材料构成，而是由电极、电解质、外壳等多种材料构成，通过这些材料的组合而实现性能上的提升。同理，未来问世的材料也绝不会单打独斗，必须在其他材料的配合之下才能发挥出真正的价值。如此看来，未来的材料开发并非专注开发优秀的单一材料，而是更注重多种材料组合与多种材料的功能均衡性。在新材料的选择上，人工智能毋庸置疑将发挥出巨大的威力。

此外，像木材、陶器之类的单一材料能对应多种用途的情况将越来越罕见，这种趋势在塑料材料中早有体现。同时开发多个不同特性的新材料，根据具体用途进行组合的材料研发方式越来越普遍。

在20世纪，通过大量生产方式向市场推出大量同类产品，消费者在实体店购买商品之后再慢慢摸索用途——这就是所谓的使用者迎合产品的时代。即将到来的是，根据使用者的喜好、体格、使用目的自动进行个性化设计，然后通过使用者身边的3D打印机完成产品的新时代。满足这个时代的必然是多姿多彩的材料，根据各自的特性搭配组合，让使用者精准使用。

以上是作者对材料的见解，材料的历史就是一部谁也想象不到的东西诞生之后转瞬间将人类旧有的生活方式打了个粉碎的历史。200年前的人们，怎么会想得到一种密度只有铁的三分之一却坚固而不生锈的金属呢？100年前的人们做梦也想不到会有轻薄透明、摔在地上也不会破裂的瓶子。现在，这些对先人来说如同"梦幻一般的材料"却成为我们习以为常的物品。

比钢铁更强韧的纸张、破碎后会自行复原的陶瓷、可折叠成小块的玻璃、大冬天一件单衣就可以出门的全保温型衣料、喝完饮料后会自动消失的容器——这些听起来非常神奇的材料也许在未来人类的生活中随处可见。生活在当下的我们,也许只是刚刚从材料的海洋中掬起了一捧水罢了。

结　语

　　2013年，"新潮选书"付梓出版了拙作《碳战争》，笔者从个人的角度论述了白糖、咖啡因、尼古丁、酒精等碳基物质，也就是所谓的有机化合物与人类的历史发展进程的关联。

　　笔者本身是一名有机化学科研人员，对各种各样的有机物抱有不同的感怀。既然每天的生计离不开有机物，所以笔者总想介绍一些平时大家极少了解的有机物的真相，最终完成了那本书。

　　幸亏《碳战争》一书受到好评，笔者也因此有幸被邀请发表了几次演讲。在某个高中演讲的时候，笔者遇到了这样一个问题："不论有机物还是无机物，您觉得哪三种化合物给人类历史带来了重要影响呢？"

　　笔者遇到的高中生总会从意想不到的角度提出问题，这既令人兴致勃勃却又备感压力。那时，笔者一时间不知该如何回答，只好应付着说能想到的也就是铁、纸和塑料之类的材料。多亏负责主持会场的老师打了圆场说："那就请您写个续篇，可以叫作《材料与文明》。"这才化解了尴尬气氛。

关于材料的书，笔者其实早就打算找个合适的时间以合适的方式写点东西。现在，这个愿望终于变成了现实，也就是眼前这本书。

其实，材料是人类社会的基础，从政治到经济，从军事到文化，人类的一切都建立在材料这一基础之上。材料默默地支撑着我们的生活，是一群不引人注目的英雄。如果想要将它们拉到聚光灯下，确实需要一些手段才行。

材料的世界里最不缺乏的就是个性！带着美丽的光泽并因为稀缺而令人倾倒的黄金，从建筑物到武器都不可或缺的文明支柱——铁，信息与文化的载体——纸，外观极其相似却能变成各种形状、各种颜色物体的塑料等，每种材料都具有自己独特的一面。从这一点来说，撰写这本关于材料的书比《碳战争》要有趣得多。

笔者认为，材料是改变世界文明进程的推动力量，也是人类社会变革的关键所在。当然，这种观点并非笔者的原创。早在20世纪50年代，美国就强烈地意识到了这一点。引发这一切的契机便是1957年苏联成功发射了人类第一颗人造卫星——斯普特尼克1号。

当时的美国是实至名归的世界霸主，在太空争霸中的领袖地位一直稳如泰山，不料"苏联成功发射了人类第一颗人造卫星"这一突发事件不仅令美国颜面大失，还让美国陷入了前所未有的恐慌之中。假如就这样袖手旁观的话，苏联就可能从美国无法企及的太空中对美国各大城市发射导弹——莫名的恐慌席卷了整个美国，这就是著名的"红色恐慌"。

为了争夺太空霸权，美国迅速展开反击。第二年，作为太空竞赛的指挥中心，美国宇航局（NASA）正式成立。为培养优秀的理科人才，美国加大力度投入理科及外语教育，并大幅提高科学技术研发方面的预算。

其中，太空竞赛需要开发耐高温、耐严寒以及耐真空的新材料。为此，美国政府横跨化学、固体物理学、物理化学、冶金学、机械学等多个领域开创了材料科学这一新领域，并为相关的项目提供了充裕的资金。当时笔者还在孩提时代，清楚地记得杂志的广告中充斥着"美国宇航局开发的高性能材料"之类的文字。这就是当时的时代背景。

这个人为设置的材料科学领域现在已经为人们所熟知，连日本也在1963年成立了日本材料学会，在全世界进一步扩大了材料科学的影响力。原本概念含糊的"材料"一词，也终于成了学术用语的新成员，所以本书的书名并未采用大家耳熟能详的"原料"，而是用"材料"贯穿全文。

材料科学催生了具有高强度、耐热性的陶瓷，在太空中能正常工作的太阳能电池板等原本地球上不曾有过的大量新材料，这些新材料很快就转化为民用产品。

材料科学在其后的岁月里依旧迈步前行，一直占据着学术领域中最重要的位置。材料科学相关的学术杂志以影响因子值（学术杂志用于评估影响度的指标）进行衡量对比时发现，中国和美国两个国家一直向这个领域投入巨额科研经费，关于这一点在第十三章里已经提及。

越是有实力的国家或组织就能开发出越多的新型材料，而新型材料又会反过来增强这些国家或组织的实力。笔者在前文中提到，"所谓材料，就是物质当中对人类生活起直接作用的资源"，也许我们应该将材料定义为"材料是提高人类能力、实现人类意志的物质"更为妥当。想象一下在未来还会涌现出哪些新材料，帮助人类完成哪些心愿，这是多么令人激动的事情啊！

本书对"网络思考者"的连载文章进行了大幅编修、充实，并归纳成书。从文章连载阶段开始就获得了多方指导和建议，笔者借此机会表示感谢，并特别感谢经常鼓励笔者的新潮社编辑部三边直太郎先生。

佐藤健太郎